인종주의에 물든 과학

인종주의에 물든 과학

조너선 마크스 지음

고현석 옮김

이음

인종주의에 물든 과학

초판발행 | 2017년 10월 31일

지은이 | 조너선 마크스
옮긴이 | 고현석

펴낸이 | 주일우
편집 | 정일웅 · 김우영
디자인 | 조혁준 · 김우영
인쇄 · 제본 | 삼성인쇄(주)

펴낸곳 | 이음
등록번호 | 제313-2005-000137호
주소 | 서울시 마포구 월드컵북로1길 52, 3층 (04031)
전화 | (02) 3141-6126
팩스 | (02) 6455-4207
전자우편 | editor@eumbooks.com
홈페이지 | www.eumbooks.com

한국어판 ⓒ 이음, 2017 Printed in Seoul, Korea
ISBN 978-89-93166-78-1   03470

이 도서의 국립중앙도서관 출판예정도서목록(CIP)은 서지정보유통지원시스템 홈페이지
(http://seoji.nl.go.kr)와 국가자료공동목록시스템(http://www.nl.go.kr/kolisnet)에서
이용하실 수 있습니다.(CIP제어번호: CIP2017027073)」

부모님과 아내 피타, 그리고 딸 애비에게 이 책을 바칩니다.

| 차례 |

제1장　　　　서　　　론

'인종주의'는 현대 사회의 모든 분야는 아닐지라도, 많은 영역에 다양한 형태로 스미어 있다. 현대의 여러 사회 제도에서 나타나듯, 과학 분야 역시 그 종사자들의 미묘하거나 뚜렷한 편견들이 반영되는 경우가 있다. 하지만 이 책은 과학이라는 제도와 그 실천이 아니라 과학의 내용에 대해 이야기할 것이다.

생물인류학자인 나는 '인간 다양성'과 '인류의 기원'이라는 두 가지 주요 과목을 가르치고 있다. 이 과목들은 각각 '우리는 무엇인가?'와 '우리는 어디서 왔는가?'라는 물음에서 출발한다. 어떤 사회의 사람들에게 이 주제는 자신들의 복잡한 사회적 세계관의 방향을 제시하는 신성한 기원 혹은 혈연관계의 영역으로 여겨질 것이다. 하지만 우리 사회에서 이 질문들은 인종과 진화라는 치열한 과학적 영역을 수반하는데, 이 두 영역은 수십 년 전과는 다소 다른 개념으로 정리되어 있는 상태다.

이를테면, 예전의 진화 개념은—몸^{body}도 없고 종^{species}도 없이— 단순히 유전자형^{genotype}과 유전자풀$^{gene\ pool}$로 환원되었다. 하지만 요즘 이 주제에 대한 모든 토론은 몸의 반응성과 적응성(유연성), 환경과 종의 상호관계(틈새환경 조성 niche construction), 유전의 비유전적 양상(후성유전학과 문화)을 다루고 있다.

마찬가지로 '인종'도 지난 몇 십 년 사이에 개념이 다시 정립됐다. 과거에는 '사람'이라는 종의 기본 단위로 개념화되기도 했지만, 오늘날 우리는 '종'이라는 것이 실제로는 그런 식으로 나뉘지 않는다는 것을 알고 있다. 그런 오류는 나 같은 학자들의 주된 관심사일뿐더러, 그런 분류학적 오류를 '인종본질주의' racialism라고 일컬을 수 있을 것이다. 더 중요하게 알아야 할 것은, 임의의 두 집단 사이에서 나타나는 사회적·행동적 차이는 인류 역사 과정에서 발생한 것일 확률이 단기간의 소진화 과정에 의한 것일 확률보다 훨씬 더 높다는 것이다. 따라서 개인의 선천적인 특징들을 살필 때 그 개인이 어떤 집단에 속해 있는지를 근거로 판단하는 것은 불합리하며, 그러한 정치적인 태도를 '인종주의' racism라고 할 수 있다.

그럼에도 사람들은 조상과 친척에 대해서 말할 때 결코 가치 중립적인 사실만을 말하지는 않는다. 친족 관계는 언제나 생물문화적이기 때문이다. 진화론의 반대인 창조론은 매우 정치적이기 때문에 그 역사는 실제로 미국에서 벌어진 재판의 연속이라고 할 수 있다. 테네시 대 스코프스 재판 Tennessee vs. Scopes(1925), 맥클린 대 아칸소 주 재판 McLean vs. Arkansas(1982), 에드워즈 대 애길러드 재판 Edwards vs. Aguillard(1987), 키츠밀러 대 도버 지역 학교 선거구 재판 Kitzmiller vs. Dover School District(2005)은 가장 잘 알려진 실제 사례들이다. 그리고 인종주의는 정치적인 행위로서 우리에게 매우 익숙하다. 노예 제도, 차별, 반유대주의 등이 흔한 예이다.

이 책은 과학에서 나타난 '역설' paradox에 주목하고 있다. 창조론과 인종주의는 둘 다 시대에 뒤떨어진 이데올로기로 평가된다. 과학에서 창조론적인 생각을 지지하면 공상가로 여겨질 뿐 아니라, 현대의 관점을 받아들이지 못해 학계에는 설 자리가 없는 고집불통의 사이비 과학자로 낙

인찍힌다. 하지만 과학에서 인종주의적인 생각을 지지한다면 그렇게 나쁘게만 평가되지는 않는다. 사람들이 다소 냉소적으로 바라볼 수는 있겠지만, 과학계에서는 인종주의자여도 과학자들과 공존할 수 있다. 창조론자라면 어림없는 일이다. 인종주의적인 아이디어를 제기하는 과학자들이 생존하고, 그런 그들이 제도적으로 잘나가도록 허용할 때 과학은 인종주의적이다.[*]

2014년 4월 11일자 「뉴욕타임스」 *New York Times*에 실린 「도덕적인 아이로 키우기」라는 제목의 칼럼을 보자. 심리학자 존 필립 러슈턴John Philippe Rushton의 '고전적인 실험'을 아무 생각 없이 인용하고 있다.[**] 그럴 수도 있다. 인용하지 못할 것도 없다. 러슈턴은 실제로 캐나다 웨스턴온타리오대학교의 존경받는 심리학자였다. 지능지수Identity Quality, IQ는 주로 유전자에 의해 결정되며, 한 사람의 지적인 운명을 설정하고, 미국인의 인구통계학적 분포에 따라 크게 달라진다는 악명 높은 주장을 담은 리처드 헌스타인Richard Herrnstein과 찰스 머리Charles Murray의 저서 『종형곡선』 *The Bell Curve*(1994)은 러슈턴의 논문을 스무 편 이상 인용하기도 했다. 놀랍게도 이 책은 부록에서까지 러슈턴의 주장을 선제적으로 방어해주었다. 이 책은 그의 연구를 "괴짜나 고집쟁이의 연구가 아니"라고 강변했다.(Herrnstein and Murray, 1994: 662) 그러니 당연히 의문이 생긴다. 다른 학자들도 그를 그렇게 평가할까? 그렇다면 그 이유는 무엇일까? 그는 자신의 연구가 도대체 무엇을 보여주고 있다고 생각할까?

이러한 의문들에 대한 대답은 몇 년 후에 발표되었다. 당시 러슈턴은 자신의 책 요약본을 몇몇 여러 전문 사회의 구성원에게 메일로 전송했

----

[*] 과학적 토론은 이 책의 셋째 장인 '과학, 인종 그리고 유전체학'에서 다룬다. 여기에서는 '과학'이라는 말을 '현대 세계에서 권위 있는 지식을 생산하는 활동'이라는 뜻으로 사용한다.

[**] http://www.nytimes.com/2014/04/12/opinion/sunday/raising-a-moral-child.html

다. 원문은 『동물 행동』 *Animal Behaviour* 에서 단호한 어조로 인상적인 비평을 받았다. 비평가는 이렇게 썼다. "러슈턴의 과학적인 결함과 노골적인 인종주의 중 어떤 것이 더 나쁜지 모르겠다." 이어서 비평가는 러슈턴은 방법론적으로 내용이 매우 의심스러운 데이터만을 뽑아 사이비 과학 같은 주장을 펼치고 있으며, 그 결과 "다양하게 오염된 수많은 데이터를 조합함으로써 가치 있는 결과를 얻을 수 있다는 신성한 믿음에 이르게 됐지만, 사실 그 결과는 보통의 쓰레기 더미보다 약간 큰 쓰레기일 뿐"이라고 평했다.(Barash, 1995: 1133)

러슈턴은 자신의 데이터가 구세계 대륙들과 세 종류의 사람들이 연관돼 있다는 것을 보여준다고 확고하게 믿었다. 그것은 현대 생물학보다는 성경 속 인물인 노아의 후손들을 더 믿는 생물지리학적 시나리오다. 그가 성적 욕구, 범죄율, 성기의 크기, 뇌의 크기 등으로 대표되는 대용변수 surrogate variables 를 통해 측정한 바에 따르면, 아프리카 사람들은 오랜 자연선택 과정을 거쳐 번식률은 높아지고 지능은 낮아졌다. 아시아 사람들은 자연선택 과정을 통해 성욕은 적어지고 지능은 높아졌다. 유럽 사람들은 적당한 중간을 이뤘다. 그는 사하라 사막 이남 아프리카인의 IQ가 지적 장애가 있는 유럽인 수준이라고 믿었다. 분명히 그는 인종주의를 신봉하는 미치광이였다. 그의 어이없는 연구들을 들여다본 사람이라면 누구라도 그 사실을 알 수 있다.

2012년에 사망할 때까지 러슈턴은 10년 동안 파이어니어기금 The Pioneer Fund 의 이사장이었다. 파이어니어기금은 1930년대의 우생학자부터 1960년대의 인종차별주의자, 러슈턴 자신을 포함한 1980년대의 급진적 유전주의 심리학자들을 조심스레 선정해 지원해왔다.(Tucker, 2002) 그런 그가 냉철하고 치밀한 과학적 판단을 전혀 할 수 없었다는 것은 자명하다. 그는 박사학위가 있었지만, 일부 부유하고 권력 있는 인간혐오주의자들에게 존경받는 괴짜 몽상가에 불과했다. 하지만 그는 어떤 경로를 통했는지는 모르겠지만 과학의 특정 분야에서 권위 있는 지위에 올랐다. 실제로 「뉴욕타임스」는 2014년에 그의 논문 한 편을 인용했다. 물론 그 논문은 인종 자체에 대한 내용을 다루고 있지는 않았다. 하지만 여기서 주목할 점은, 과학자로서 러슈턴이 신뢰받는지 그렇지 않은지 여부다.

오늘날의 모든 현장 과학자는 알고 있다. 데이터가 조작될 수 있다는 것과 과학자와 학계에는 신뢰라는 가치가 무척 중요하다는 것을. 그렇기 때문에 과학적 신뢰를 잃는 것은 곧 명예를 잃는 것과 같으며, 이는 두터운 신뢰와 정직성이 돌이킬 수 없이 몰락하는 것이다. **우리는 공정한 데이터에서 공정한 결론이 나오기를 기대한다.** 러슈턴의 논문을 인용하는 것은 학자로서의 신뢰를 잃을 수밖에 없는 일이 된다. 그의 머릿속과 그의 모든 연구 결과에 어떤 생각이 깔려 있는지 인용하는 필자가 전혀 모르고 있다는 것을 말해주기 때문이다.

따라서 일단 러슈턴의 저작과 생각에 대해 알게 되면, 어떤 역량 있는 학자도 그에게 찬사를 보내지는 않는데도, 왜 하필 그의 연구 결과를 인용하는 사람들이 있는지 이해할 수 없다. 하지만 의학 및 과학기술 분야의 세계적인 출판사 엘제비어^{Elsevier}가 발간하는 저널 『성격과 개인』 *Personality and Individual Differences* 2013년 6월호는 러슈턴의 연구에 존경을 담은 헌사를 바치고 있다. 러슈턴이 인종주의자가 아니라 창조론자였다면 주류 과학자들이나 학술지는 그를 다루지 않았을 것이다. 그런 퇴행적인 이데올로기에 집착하면 학계에서 사실상 매장되기 마련이다. 하지만 그가 '아프리카인'이 선천적으로 지능이 낮다는 것을 입증해냈다고 생각하는 사람들은 학계, 과학 지원 단체, 특히 과학 저널에 적지 않았다.

심리학은 어차피 '유연한' 과학이고 '진짜' 과학자라면 그런 터무니없는 아이디어쯤은 쉽게 무시할 수 있을 거라고 생각하는 사람들이 있다. DNA를 발견한 분자유전학의 아버지이자 노벨상 수상자인 제임스 왓슨 James Watson을 생각해보자. 왓슨은 과학 분야에서 그만그만한 경력자가 아니었다. 그는 이미 과학자로서 전성기였던 20대에 그 유명한 연구를 했고, 그 결과로 30대에 노벨상을 받았다. 하버드대학교에서 교수로 지낸 20년 외에도, 그는 인간게놈프로젝트 Human Genome Project의 초대 연구소장을 맡았으며 분자유전학을 연구하는 콜드스프링하버연구소 Cold Spring Harbor Laboratory의 소장을 오랫동안 역임했다.

하지만 왓슨을 따라다니는 이상한 평판이 있다. 그와 함께 오랫동안 하버드대학교에서 교수를 지냈던 생물학자 에드워드 윌슨 Edward O. Wilson은 이렇게 회상한다. "이른 나이에 역사적인 명성을 얻은 왓슨은 생물학계의 칼리굴라 Caligula가 됐습니다. 그는 머릿속에 떠오른 건 무엇이든 말하고, 그 말이 심각하게 받아들여지기를 기대해도 되는 일종의 면허 같은 것을 얻은 셈이죠. …… 그에게 감히 공개적으로 책임을 묻는 사람은 거의 없었습니다." (1994: 219) 왓슨은 항상 분자유전학을 널리 알리는 비공식적인 활동을 했다. 1989년에 그는 인간 게놈 프로젝트에 대한 대중의 지지를 끌어올리려고 애썼고, 그가 한 말은 시사지 「타임매거진」 Time Magazine에 실려 퍼져나갔다. "예전에는 별자리가 우리의 운명을 지배한다고 생각했습니다. 지금 우리는 알고 있습니다. 우리의 운명은 상당 부분 유전자에 있다는 것을." (Jaroff, 1989: 67) 물론 우리의 운명이 세포핵 안에 존재한다는 것이 확인되지도 않았지만, 과연 우리에게 운명이라는 것이 있는지조차 불분명하다.

유전자 신봉주의 같은 왓슨의 발언에 사람들은 눈살을 찌푸렸지만 그는 곧 인종주의적 발언을 더욱 거침없이 쏟아냈다. 2000년에 있었던 한

강연에서 그는 피부색과 성적 욕구 사이에 생화학적 연관이 있다고 생각한다고 말했다.* 이 발언은 공분을 자아냈지만, 과학계의 권위자라는 그의 평판은 흔들릴 기미가 보이지 않았다. 그러다가 결국 2007년에 출간된 『지루한 사람과 어울리지 마라』*Avoid Boring People*라는 가벼운 제목의 책에서 그는 다음과 같이 서술했다. "진화 과정에서 지리적으로 분리된 종족들의 지적 능력이 모두 동일하게 진화했음이 증명돼야 한다고 기대할 분명한 이유는 존재하지 않는다. 우리가 인류의 어떤 보편적인 유산으로서 이성의 힘을 동등하게 보존하기를 원하는 것만으로는 그렇게 되기에 충분하지 않다."(2007: 326) 왓슨은 영국에서 이 책을 홍보하면서 「선데이타임스」*The Sunday Times*에 자신의 견해를 명확히 밝혔다. 아프리카인의 지능은 '우리의 지능'과 같지 않다고 말한 것이다. 이 발언으로 그는 "아프리카의 미래에 어두운 생각을 가지고 있는" 사람이 되었다.(Hunt-Grubbe, 2007) 하지만 이번에는 그의 발언이 일주일 내내 격렬한 반응을 일으켰고, 혐오 발언에 관한 법률이 미국보다 더 엄격한 영국에서 그는 강연 일정을 취소해야만 했다.

　마침내 이 사건으로 왓슨은 콜드스프링하버연구소의 소장 직에서 물러나야만 했다. 아프리카인들이 유럽인들보다 머리가 나쁘다는 그의 인종주의적 사고에 특별한 통찰력은 없었다 해도, 여전히 기꺼이 그를 지지하고 지원하는 과학자들은 많다. 내 주장은 이렇다. 왓슨이 창조론자였다면 그렇게 되지는 않았을 것이다. 이런 판단은 이 책의 주제이기도 하다. 나는 과학계에서 인종주의를 참아내는 것이 과학계의 문제라고 생각한다. 많은 경우 인종주의를 참아내는 것은, 과학을 정치적 문제로 만

----

* http://sfgate.com/science/article/Nobel-Winner-s-Theories-Raise-Uproar-in-Berkeley-3236584.php

들고 현대 사회에 만연한 경제적·사회적 불평등을 합리화함으로써 과학에 해악을 끼치게 된다. 실제로 과학에서의 인종주의를 견뎌내는 것은 과학 교육의 편협함과 똑똑한 사람들의 오만과 과학계 권위자의 부정이 결합된 생명윤리의 문제로 귀결된다.

특정한 인종이 특정한 지능을 타고났다는 왓슨의 발언은 사실 1800년대 중반의 생물학, 인류학 분야에서는 꽤 일반적인 주장이었다. 그 시기 이후로는 또 다른 과학적 관점이 유행했다. 종들이 서로 독립적으로 갑자기 존재하게 됐다고 주장하는 창조론^{creationism}, 두개골의 미세한 특징이 정신적인 특성이나 별난 성격을 나타내준다고 믿는 골상학^{phrenology}, 국가가 개입해 대규모 단종 수술 등을 통해 더 우수한 시민을 걸러내야 한다고 주장하는 우생학^{eugenics} 등이 그 예다. 이렇듯 다양한 가면을 쓴 인종주의는 절대 사라지지 않았다. 실제로, 다윈주의^{Darwinism}가 등장했을 당시에도 인종주의는 최소한의 영향밖에 받지 않았다는 사실은 과학계에서 인종주의가 가진 힘을 증언해준다.

다윈주의가 등장하기 전, 생물학의 주요 문제는 인류가 단일한 기원(아마도 아담과 이브)에서 유래한 공통 혈통의 산물인지에 관한 것이었다. 이른바 인류일조설^{monogenism}이다. 반대편에는 신이 인간 집단들을 분리해서 다른 종류로 각각 따로 창조했다는 주장이 있는데, 바로 인류다원설^{polygenism}이다. 그러니 인류일조설이 노예제 폐지론자에게 폭넓은 지지를 얻고, 인류다원설이 노예 상인에게 인기를 얻은 것은 놀랄 일이 아니다. 그럼에도, 항상 중간 입장도 존재했다. 노예제에 반대한다고 해서 서로 다른 인종들이 동등한 능력을 갖고 있다고 믿는다는 뜻은 아니었다. 그것은 단지 백인이 아닌 사람들도 근본적으로는 인간이라고 인식한다는 뜻일 뿐이었다.

오늘날에는 이상하게 보일지 몰라도, 인류다원설은 실제로 당시 지적인 공동체 안에서 인기가 좋았다. 우선, 성경에 어긋났다. 따라서 당시 성경의 권위를 뛰어넘고 싶어 했던 세속적인 급진주의자들이 매력을 느꼈다. 게다가 지질학과 고고학의 발전으로 세상은 성경과는 다르게 매우 오래됐다는 것이 속속 밝혀지고 있었다. 이렇게 되면서 신이 유럽인들보다 먼저 다른 인종들을 창조했을 가능성이 매우 높아졌다.(Livingstone, 2008)

1840년대에 이르자 영국은 노예제를 금지했다. 그리고 당시 익명으로 발표됐지만 큰 인기를 얻은 책 『창조의 자연사적 흔적』*Vestiges of the Natural History of Creation* (1844)에서 진화론이 처음으로 움텄다. 이 책의 저자(로버트 체임버스^{Robert Chambers}라는 출판업자로 나중에 밝혀졌다)는 종들이 어떻게든 서로 연결돼 있다는 자신의 생각을 드러내면서 인류의 인종 역시 서로 연결돼 있다고 주장했다. 그의 이론은 발생반복설^{recapitulation} 중 하나였다. 그는 "우리의 뇌는 어류, 파충류, 포유류의 다양한 단계를 거쳐서 결국 인간의 뇌가 된다"고 믿었다. 거기서 더 나아가 그는 "동물 변이를 거친 다음, 뇌는 흑인, 말레이인, 아메리카 원주민, 몽골인에게서 나타나는 특징들을 나타내다가 결국 백인^{Caucasian}의 뇌가 된다"고 덧붙였다. 분명히 하기 위해 그의 주장을 읽어본다. "**간단히 말해, 인류의 다양한 인종의 주된 특징은 최고의, 혹은 백인의 형태가 발현되는 과정에서 나타나는 별도의 단계들을 보여준다.** 흑인의 뇌는 영구적으로 불완전하고, 턱뼈는 튀어나와 있고, 팔다리는 가늘고 구부러져 있다. 이런 흑인은 태어나기 훨씬 이전 자궁에 있을 때의 백인 아이 모습이다. 아메리카 원주민들은 출산이 좀 더 가까워졌을 때의 자궁 속 백인 아이 모습과 같다. 몽골인은 태어난 상태로 정체된 백인 아이의 모습을 하고 있다."(Anonymous, 1844: 306; 강조한 부분은 원문)

『창조의 자연사적 흔적』은 널리 읽혔지만 학계에서는 거의 주목을 받지 못했다. 그럼에도 이 책은 종의 변이, 모든 생명체의 숨겨진 연관성이라는 개념을 대중에게 정면으로 제시했다. 찰스 다윈$^{Charles\ Darwin}$이 『종의 기원』$^{The\ Origin\ of\ Species}$(1859)으로 지적 혁명을 촉발하기 한 세대 전의 일이다. 또한 이 책이 특정한 면에서 다윈, 앨프레드 러셀 윌리스$^{Alfred\ Russel\ Wallace}$, 토머스 헉슬리$^{Thomas\ Huxley}$의 사고에 영향을 미친 것도 사실이다.

『종의 기원』은 한편으로는 세계의 민족들 사이에 하나의 다른 관계가 있음을 암시하고 있다. 이것은 일종의 공통의 후손이라는 관계를 의미한다. 즉 인류일조설이다. 여기서 공통의 조상은 아담이 아니라 유인원의 일종이다. 다윈의 가족은 영국에서 노예제 폐지 운동에 적극적으로 참여했다. 하지만 노예 제도에 반대하고 하나의 공통 조상이 있다는 이론을 지지했더라도 다윈과 그의 친구 토머스 헉슬리 둘 다 실제로 흑인과 백인이 지적으로 동등하다고 믿지는 않았다. 1865년 헉슬리는 이렇게 썼다. "일부 흑인이 일부 백인보다 더 나은 것은 맞다. 하지만 그 사실을 알고 있더라도 합리적인 사람이라면 평균적인 흑인이 평균적인 백인과 동등하다거나 더 뛰어나다고 생각하지 않는다. 그리고 …… 턱이 튀어나온 우리의 친족이 …… 뇌가 더 크고 턱이 더 작은 경쟁 상대와 물고 뜯고 싸우는 것이 아닌, 지적인 능력으로 싸워 이길 수 있다고 …… 믿을 수는 없다. 문명 체계의 제일 윗자리를 거무스름한 우리의 사촌들이 차지할 수 없다는 것은 확실하다." 이는 오늘날 다윈의 『종의 기원』이 그의 다른 책인 『인간의 유래와 성 선택』$^{The\ Descent\ of\ Man,\ and\ Selection\ in\ Relation\ to\ Sex}$(1871)보다 더 읽기 쉬운 이유를 충분히 설명해준다. 다윈은 『종의 기원』에서는 의도적으로 인간을 다루지 않았다. 따라서 『인간의 유래와 성 선택』에는 그가 인간에게 부여한 예스러운 빅토리아 시대의 문화적 선입견도 생략됐다.

다윈과 헉슬리의 고풍스러운 빅토리아 시대의 선입견을 담은 견해는 그들의 독일인 동지인 에른스트 헤켈$^{Ernst\ Haeckel}$의 저작에 가려 빛을 보지 못했다. 다윈과 헉슬리는 둘 다 헤켈의 연구를 존경했다. 확실히 헤켈은 다윈과 헉슬리가 영국에서 이루려는 것, 즉 종의 공통 혈통이라는 자연주의 이론을 유럽에 수용시키고 있었다. 그러나 헤켈은 더 큰 철학적 야심이 있었고, 인류의 진화에 대한 그의 논고는 진화론 분야에서 그를 따르는 지적 후계자들에게 완전히 청산하지 못할 부채를 안겨줬다. 헤켈의 진화론은 낮은 발생 단계의 아메바에서 프로이센 군사 체제까지 다룰 정도로 폭이 넓다. 하지만 그는 화석 기록이 없는데도 인간을 유인원에 연결시켜야 하는가 하는 문제에 부딪혔다. 헤켈은 1868년에 저서 『창조의 역사』$^{Natürliche\ Schöpfungsgeschichte}$에서 유인원과 인간을 연결시키기 위해 화석 기록이 필요하지는 않다는 것을 분명히 했다. 유럽인 독자들과 유인원들의 연결고리는 비유럽 인종들에게 있기 때문이라고 그는 설명했다.(뒤쪽 그림 1-1) 이 괴상한 얼굴 캐리커처들은 헤켈이 독일어로 쓴 자신의 저서 처음 두 판에서 설명을 돕기 위해 사용한 것이다.

인류와 다른 영장류 사이에 선을 분명하게 그어야 한다면, 그 선은 가장 많이 성장하고 문명화된 사람을 한편에 놓고, 다른 편에는 가장 미개한 야수를 놓은 다음 그 사이에 그어야 하는데, 이때 미개한 야수는 동물로 분류되어야 할 것이다. 이것은 사실 자신이 태어난 나라에서 최하층의 인종을 오랫동안 보아왔던 여행자들이 많이 내놓는 의견이다. 아프리카 서쪽 해안 지역에서 오랫동안 살았던 한 위대한 영국 여행가는 "흑인은 인간의 하위 종으로 생각합니다. 그리고 아무리 마음을 먹어도 흑인을 같은 인간이나 형제로 볼 수가 없습니다. 그렇게 하다가는 고릴라도 가족으로 받아들여야 할 것 같기 때문입니다."

(Haeckel, 1868/1892: 492~493)

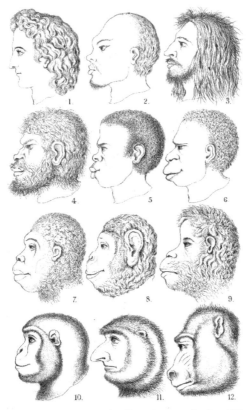

Die Familiengruppe der Katarrhinen (siehe Seite 555)

그림 1-1 에른스트 헤켈의 『창조의 역사』 1868년 독일어판 초판의 권두 삽화.
(막스플랑크과학사연구소 제공)

중요한 것은 나치를 비난할 때, 일부에서 그랬듯이, 헤켈을 탓해서는
안 된다는 것이다. 오히려 다윈주의가 인종주의에 거의 영향을 끼치지
않았다는 사실을 주시해야 한다. 창조론자이면서 신이 각 인종을 분리해
서 창조했다고 주장할 수도 있다. 또는 『창조의 자연사적 흔적』의 저자
처럼, 다윈 이전의 진화론자이면서 인종들이 하나의 공통 기원을 가지고

있지만 비백인의 특징이 더 원시적인 형태를 나타낸다고 믿을 수도 있다. 또 심지어는 헤켈처럼, 다윈 이후의 진화론자이면서도 단순히 비유럽 인종들은 완전히 진화한 인종이 아니라고 생각할 수도 있다. 다윈주의는 인류다원설-인류일조설 논쟁을 해결했다. 하지만 기본적으로 인종 간에 자연적인 불평등이 존재한다는 믿음이 생길 여지를 남겨두었다. 아르튀르 드 고비노Arthur de Gobineau의 『인종 불평등론』l'Essai sur l'inégalité des races 같은 책은 『종의 기원』이 나오기 5년 전 처음 영어로 번역되었을 때는 창조론과 양립할 수 있었고, 20세기 초에 다시 번역되었을 때는 진화론과 양립할 수 있었다.

따라서 "백인종과 흑인종이 따로 창조되었는가?"라는 물음은 중요한 생물정치학적 의미를 유지한 채 "백인종과 흑인종은 서로 다르게 진화했는가?"라는 물음으로 쉽게 변형될 수 있었다. 19세기 중반의 영국 과학계를 이해하려면 인종에 관한 씁쓸한 주장들을 이해해야 한다. 런던민족학회The Ethnological Society of London는 1843년 토착민의 복지에 관심이 있는 지식인 자선 단체로 창립됐으며, 기본적인 인간애에 대한 믿음을 창립 이념으로 삼고 있었다. 이들 중 다원설 지지자들이 뛰쳐나와 1863년 런던인류학회Anthropological Society of London를 세웠다. 그러다 8년 후 이 두 단체는 "인류학"이라는 이름을 쓰지만 처음 민족학자들이 얘기하던 인류일조설(현재는 다윈주의)의 기조를 유지한 채로 재결합했다. 다윈 이후의 과학계에서 인류 공통의 조상을 부인하는 일은 있을 수 없었다. 하지만 아담과 이브가 더 이상 등장하지 않아도, 다윈주의와 무관하게, 다른 종족들이 완전한 인간으로서의 성질을 가지고 있는지 의심하는 것은 가능했다. 결국 해부학자인 조르주 퀴비에Georges Cuvier는 "호텐토트의 비너스"Hottentot Venus로 불렸던 사르지에 바트만Saartjie Baartman을 해부했더니 유럽인보다는 유인원에 가깝다고 믿을 수 있다는 자신의 주장을 어렵지 않게 펼쳤다. 하지만 이는 『종의 기원』이 나오기 수십 년 전에 일어난 일이다.

사람 종의 형질적 다양성을 연구해 다른 종족들에게도 완전한 인간성이 있다고 결론 내릴 수 있다고 주장하는 과학의 분야는 형질인류학physical anthropology으로 알려진다. 이 분야의 초기 연구자들은 온갖 표준화된 방법으로 머리를 측정했다. 이들은 골상학자들이 신봉했던 집요한 실증적 논리를 기초로, 왜 특정한 사람들이 다른 사람들에 비해 정치적, 사회적, 군사적, 경제적으로 우월한지 알아내고자 했다. 골상학자들은 뇌가 생각과 성격이 자리한 곳이기 때문에 당연히 두개골에 자국을 남길 것이며, 제대로 된 과학적 방법만 마련된다면 그 자국을 추출해낼 수 있다고 믿었다. 초기의 형질인류학자들도 두개골이 어떻게든 유럽인들의 전 세계적인 우수성을 설명하는 데 도움이 될 것이라고 믿었다. 머리의 크기나 모양, 턱뼈의 돌출 정도에 답이 있을 수도 있었다. 하지만 그런 물리적 표지들은 특정 인종의 우월함을 증명해줄 뿐이었다. 그러나 다른 연구자들은 유럽인의 전 세계적 우월성이 특정한 두개골의 운명 때문이 아니라, 사실은 정치적·경제적 힘을 행사한 결과라는 것을 깨닫기 시작했다. 그 결과, 19세기 후반에 이르면, 사람들이 살아가는 방식과 겉모습이 장소에 따라 다르지만 그 연관성에는 인과관계가 없다는 생각을 기초로 한 인류학anthropology이 시작됐다. 서로 다른 겉모습이 "자연"의 결과이듯이 서로 다른 생활방식은 "문화"의 결과이다. 최소한, 표면적으로는 그렇다. 그리고 때로 접촉점이 존재한다고 해도 대체로 그 두 영역은 서로 다른 속도로 서로 다른 과정들이 일어나는, 현상적으로 분리된 영역이다. 그래서 인간의 사회적 실상은 소진화가 아닌 문화사의 영역에서 설명을 찾아야 한다.

사람들이 타고난 속성에서 역사의 동력을 찾아내려고 하는 것은, 2장에 보게 되겠지만, 정치적인 암시가 가득한 생각이어서 가볍게 다루지 않을 것이다. 그러나 다음과 같이 말하는 것으로 충분할 것이다. 20세기 내내 시민권 운동에 반대하는 사람들은 흑인 미국인은 평균적으로 백인 미국인에 비해 지능이 낮고, 이것은 IQ 테스트로 증명할 수 있으며, 따라서 이것으로 미국 흑인들의 낮은 사회적·경제적 상태가 설명된다고 주장했다. 그들에게 식민주의, 노예 제도, 억압의 역사는 중요한 문제가 아니었다.

공상가과 극단주의자 같은 얼마 안 되는 부류에게는 예외지만, 이것이 더 이상 열린 질문이기 힘들다는 것은 분명하다. 결국 우리는 IQ가 인종주의를 포함해서 모든 종류의 요인에 민감하다는 것을 알고 있다. 일본에 사는 한국인들이 미국(이곳에서는 사회적 지위가 같다)에서 시험을 보는 것보다 일본(이곳에서는 일본인이 사회적 지위가 높다)에서 볼 때 성적이 훨씬 낮다는 것을 안다면, 흑인과 백인의 평균 IQ 차이가 선천적인 요인 때문이라는 주장이 얼마나 잘못된 것인지 알 수 있다. 게다가, 지능이 1차원적이고 선천적인 두뇌의 능력이라는 생각은 오래전에 자리를 빼앗겼다. 어떤 사람들이 다른 사람들보다 똑똑하지 않다는 것을 말하려는 것이 아니다. 똑똑한 사람, 둔한 사람은 어디에나 있고 그 인과관계는 복잡하다는 것을 말하려는 것뿐이다. 그리고 분명히 우리는 세계의 지정학적 상황과 역사에 대해 충분히 알고 있기 때문에, 민족의 타고난 지적 능력이 그들의 흥망성쇠를 결정하는 경우는 거의 없다는 것도 잘 알고 있다.(Fish, 2001)

2005년 미국의 대표적인 과학 저널이 아프리카인의 뇌에 생기는 유전적 문제를 설명하는 논문 두 편을 실었다. 유전학자들은 마이크로세팔린microcephalin이라는 유전자를 연구하면서, 그들이 해플로타입 D haplotype D로 명명한 특정 비기능성 유전자 배열이 사하라 사막 이남 지역에 사는 아프리카인보다 그 밖의 아프리카 지역에 사는 아프리카인들에게 훨씬 많다는 것을 알아냈다. 연구진은 더 나아가 이 유전자가 최근 강력한 자연선택 과정을 겪고 있다는 것도 통계적으로 보여줬다(즉 인구집단에서 확산이 진행돼왔다). 여기서 연구진은 결론 내렸다. "마이크로세팔린은 해부학적으로 현재적인 인간의 출현을 넘어서 적응진화adaptive evolution의 추세를 타고 있다. …… 자연선택이 뇌와 관련된 표현형에 실제로 작용한다면, 두뇌 크기, 인지, 성격, 운동 제어, 신경학적·정신의학적 질환의 영역에서 여러 가지 변화 가능성이 있다."(Evans et al., 2005: 1720)

아마도 연구진이 자신 있게 얘기하지 않은 것일 수도 있다. 그들은 다음 논문에서 "막대처럼 생긴 소두증 관련 비정상 단백질"abnormal spindle-like microcephaly associated protein, 즉 ASPM에 관한 견해를 명확하게 했다. 사하라 사막 이남 아프리카인과 그 밖의 지역에 사는 아프리카인 사이에 최근 자연선택이 있었으며, 불분명하지만 어떤 기능과 관련된 유전적 변이가 있었다는 통계적 추론이자, 이 대립형질 유전자의 출현이 "유라시아의 문화적 진화 과정에서 두 개의 중요한 사건과" 시간적으로 대충 겹친다는 것을 암시한다는 것이다. 그 두 가지 사건은 먼저, 서아시아에서 약 1만 년 전에 시작된 동물 가축화의 시작과 확산, 둘째로 5,000~6,000년 전 역시 서아시아를 중심으로 한 도시와 문자언어의 발달에 따른 인구의 급속한 증가를 말한다. 이 두 사건과 대립형질의 출현이 거의 동시에 일어난 것이 우연이라고 보기는 힘들 것이다.(Mekel-Bobrov et al., 2005: 1722) 수석 연구원은 브루스 란Bruce Lahn이라는 유전학자다. 아직도 그를 믿고 싶은가? 「월스트리트저널」에는 더 분명하게 설명돼 있다. "란 박사는 확실한 결론을 낼 증거가 부족하다는 것을 인정하지만, 돌연변이로 인한 이익이 뇌가 더 커지고 똑똑해지는 것이었다는 아이디어는 소중하게 생각하고 있다. 그는 논문에서 그 아이디어를 제시할 방법을 찾았

다."(Regalado, 2006)

　대립형질이 쌍을 이룬다는 추론, 유전자가 자연선택 과정을 겪고 있다는 것을 보여준다는 통계, 유전자 자체가 지능의 비병리학적 변이에 영향을 미친다는 추론까지, 이 연구의 거의 모든 측면이 강력한 도전을 받아왔다는 사실에는 거의 아무도 주목하지 않았다. 한 과학자가 아프리카인들의 선천적인 지적 능력에 관한 엉성하고 원초적인 확신을 담은 연구를 최고의 과학 저널에 발표했는데도 말이다. 그는 충분히 지적 능력을 가지지 못한 사람들을 위해 상세한 유전학적 설명도 제시했다. 하지만 영구 기관이나 노아의 방주에서 나온 나무처럼, 그 이야기는 결국 쓰레기로 판명되었다. 괴상망측한 사람이나 성경을 있는 그대로 믿는 사람은 아예 기회도 못 얻지만, 이런 인종주의적 연구는 주류 과학 포럼에서 출판되기도 한다. 여기서 간단한 교훈을 얻어야 한다. 우리는 성경을 글자 그대로 믿는 사람들이 과학을 하는 것을 원하지 않는다. 왜냐하면 이들은 자신의 신념을 입증하기 위해 노력하는 경향이 있어서 이들이 하는 과학의 질도 위태로워질 것이기 때문이다. 마찬가지로 우리는 인종주의자들이 과학을 하는 것을 원하지 않는다. 정확하게 같은 이유에서다.

　물론 과학이 인종주의를 **수용해야 한다**고 믿는다면, 아마도 이 책의 제목에서 제기한 문제는 걱정하지 않아도 되고, 이 책을 더 읽을 필요도 없다. 과학은 현재의 상황을 허용하는 사람들 때문에 인종주의적으로 된다. 이 책은 과학에서 인종주의의 자리는 없어야 한다고 생각하는 사람들을 위한 책이다. 그것은 "정치적 올바름"이 아니라 과학의 가장 기본적인 과정, 즉 게이트키핑gate-keeping이다. 인종주의자들은 인간의 변이에 대해 연구해서는 안 된다. 역사를 보면 그들이 연구를 썩 잘하지 못한다는 것을 알 수 있다. 이들의 추정은 연구의 틀을 짜는 일이나, 데이터의 수집과 분석, 결과의 해석에 역효과를 미치기 때문이다. 다른 종류의 편견들이 없다고 말하지는 않을 것이다. 이 책이 말하려는 것은 우리가 이미 이 특정한 편견에 대해 잘 알고 있다는 것뿐이다.

이 사례에서 중요한 점은, 단순히 인종주의적 과학도 주류 매체에 실릴 수 있다는 것이 아니다. 이 경우는 아프리카인들의 지적 열등감에 대한 가능한 유전학적 설명을 찾아냈다는 것인데, 아니다. 이 이야기는 끝부분이 이상하다. 끝부분을 보면 문제가 얼마나 심각한지 알 수 있다. 2009년 세계 최고의 과학 저널인 『네이처』*Nature*는 브루스 란의 에세이를 실었다. 여전히 시카고대학교의 존경 받는 유전학자인 란 박사는 "인간 유전자의 다양성을 축하합시다"라고 썼다. 인간 다양성이 연구되어야 한다는 (빤한) 명제를 방어하면서 그는 주장했다. "사람들의 집단을 포함해서, 사람들이 유전적으로 다양할 수 있다는 입장에서는, 과학적으로 그럴 것 같지 않거나 도덕적으로 비난 받을 일이란 없다. 인간의 다양성을 부정하거나 심지어 비난하는 사람은 실제로 의심스럽고 도덕적으로 불안정한 입장을 취하고 있는 것이다."(Lahn and Ebenstein, 2009: 728)

물론 이 주장은 논점을 완전히 놓친 것이다. 많은 사람들이 인간의 변이에 대해 연구해왔고 지금도 하고 있다. 『미국형질인류학저널』*American Journal of Physical Anthropology*은 이 주제에 대한 연구 저작물을 거의 한 세기 동안 출판해오고 있다. 이미 다들 알고 있다. 모든 사람들이 인간 변이에 대한 연구가 계속되기를 원한다. 하지만 시대에 뒤떨어진 인종주의적 추정을 과학 연구에 포함시키는 사람들이 하길 바라지는 않는다. 우리는 창조론자가 영장류 두 발 보행의 기원에 대해 연구하지 않기를 바라는 만큼이나 인종주의자들이 이 문제를 다루지 않기를 원한다. 그들은 이념적으로 부패한 사람들이므로, 그들이 이 주제에 대해 무슨 말을 해도 신경을 쓸 필요가 없다.

과학사학자 세라 리처드슨*Sarah Richardson*은 란의 연구가 학문의 영역을 다시 그린 것이며, 새롭게 시작된 연구 프로그램을 진행하기에 부적당한 개념적 장치를 계속해서 유지하고 있는 것으로 보았다.(2011) 여러 학문이 공동으로 진행해야 할 연구 프로그램이 유전체학genomics에 의해 효과적으로 끌어들여진 꼴이라는 것이었다. 리처드슨은 "이러한 상황에서는 유전체학 학자들과 관련 분야의 뇌 연구 및 행동 연구자들 간의 비판적 토론을 통해 이 떠오르는 연구의 가정, 목표, 윤리를 명확하게 해야 할 필요가 있다"고 썼다.(2011: 430) 아마 그들이 논의해야 할 첫 번째 문제는 "우리가 인종주의를 참아내야 하는가?"일 것이다. 이 특정한 경우는, 결국 다시, 어느 정도라도 미묘함이 있는 인종주의가 아니다. 이 경우는 "아프리카인들은 세계의 나머지 지역 사람들보다 선천적으로 멍청하다"는 식의 인종주의다. 과학에는 19세기 철학에 기반을 둔 잘못된 추정이 있다. 인간 과학은 정치적인 가치에서 자유롭다거나 자유로울 수 있다는 추정이다. 이 추정은 역사적으로 거부당했을 뿐 아니라 본질적으로 불가능하다. 과학에 대한 19세기의 시각은 과학자(주체)가 벌칸족*이나 로봇처럼 연구 대상(객체)로부터 분리돼 있기 때문에 연민, 감동, 편견, 애정 없이 연구 대상에 접근할 수 있다는 생각에 기초를 두고 있다. 하지만 생명윤리학 분야의 기초는, 인간 과학에서는 동정심이 있는 과학자들을 **원한다**는 것이다. 우리는 피도 눈물도 없이 과학을 연구하는 로봇을 원하지 않는다. 그것은 좋은 인간 과학의 반대편에 서 있는 나치의 과학이다.

그렇다면 두 번째 문제가 제기된다. 이것은 도덕적·정치적 문제이기도 하다. 모든 과학에는 나름의 윤리적 문제들이 존재해왔다. 화학과 독

---

* 벌칸족은 공상과학 텔레비전 드라마 「스타트렉」에 나오는 외계 종족으로, 감정이 통제된 논리적 사고를 하는 것으로 알려져 있다.

가스, 형질인류학과 도굴 등이 그것이다. 하지만 인간 유전학과 인종을 연구하는 과학자들만 해결해야 하는 문제가 있다. 그것은 "나치가 그렇게 좋아하는 것이 나의 어떤 측면일까?"이다.

적절한 말이 하나 있다. "나치가 당신을 좋아한다면, 당신은 십중팔구 야비한 사람이다." 사려 깊은 과학자들이 연구의 정치적인 요소들에 더 관심을 기울이기 시작하고, 이튿날 아침 누구와 함께 (정치적인) 침대에서 일어날지 고민하기 시작하는 것도 이런 생각이 들 때다. 결국 과학이 정치로부터 온전히 분리되지 못한다면, 정치는 통계 수치만큼이나 면밀하게 검토돼야 한다. 그렇다면 과학자가 "인종주의가 진짜로 맞는 것이라면 어쩌지?"라고 말하는 것은 어떤 의미일까? 이 문제를 제기할 과학 포럼이라도 있어야 할까? 특히 문제가 제기되면 답을 주는 그런 포럼? 아니면 이 의문을 "우주가 6,000년 전에 갑자기 존재하게 된 것이라면 어쩌지?" 같은 의문처럼 심각하게 받아들여야 할까?

이 의문이 지나치게 억지스러운 것도 아니다. 이 글을 쓰고 있는 지금 논픽션 부문 베스트셀러 중 하나가 과학 저술가 니컬러스 웨이드 Nicholas Wade가 쓴 『골치 아픈 유산』 *A Troublesome Inheritance* 이기 때문이다. 웨이드의 논점은 다음과 같다. (1) 사람이라는 종은 자연스럽게 인종으로 나뉠 수 있다. (2) 경제적인 계급과 국가의 중요한 행동적 특징은 유전자의 영향을 받는다. (3) 농업혁명으로부터 산업주의를 거쳐 이라크 전쟁에 이르기까지 역사의 주요 특징은 유전적 요인에서 생긴다. (4) 유태인은 이 모든 것을 잘 보여주기 때문에 특히 흥미를 불러일으키는 존재다. (5) 이러한 지식을 마르크스주의 인류학자 파벌이 숨기고 있다. (6) 마르크스의 주장은 그 파벌들의 주장과는 달리, 비정치적이고 과학적이다.*

....

* 『휴먼바이올로지』는 2014년 여름 호의 상당히 많은 부분을 할애해 이 책에 대한 비판적 리뷰를

이 논점들은 누가 봐도 매우 정치적이라고만 말해두자. 따라서 논점 6은 바로 실격이다. 실제로, 웨이드의 주요 인용 문구들의 많은 부분이 새뮤얼 헌팅턴Samuel Huntington과 프랜시스 후쿠야마Francis Fukuyama 같은 보수적인 정치과학자들의 것인 데다, 이 책에 대한 가장 긍정적인 리뷰도 『종형 곡선』의 공저자인 정치학자 찰스 머리가 썼다. 따라서 이 책에서 정치색을 감지하지 않기 위해서는 상당히 무감각해져야만 할 것이다. 실제로, 우익 극단주의 블로거들은 책이 나오기도 전에 책에 대한 예찬을 늘어놓고 있다. 논점 5는 과학이 아니라 미국 정치에서 전형적으로 보이는 피해망상적 '빨갱이 사냥'이다. 이와 똑같은 주장을 1960년대 분리차별주의자들이 제기했다. 논점 4는 이 책이 표면상 인종에 관한 것이라면 이상하다. 유태인을 선택해 독립된 장을 할애해 민족이 눈에 띄게 한 것은 의도적이고 적절해 보인다. 논점 2와 논점 3은 아예 과학이 아니라 과학 판타지 소설이다. 그리고 논점 1은, 이 책에서 나중에 보게 되겠지만, 실증적으로 틀린 말이다.

게다가 저자는 다윈주의를 대변한다고 주장하고 있다. 이 또한 틀린 말이다. 하지만 우리는 지난 한 세기 동안 인간의 차이가 의미하는 것에 대해 사람들의 절반이 여러 가지 방법으로 다윈주의를 대변한다고 주장했던 것을 기억한다. 초기의 다윈주의 신봉자들은 아무렇지도 않게 비유럽인을 유인원과 유럽인 사이의 중간 존재라고 표현하곤 했다. 백인이 아닌 종족들의 완전한 인간성은 유인원과의 연속성을 확립하기 위한 제단에 희생 제물로 바쳐졌다. 오늘날은 다윈의 이름으로 유전학과 정치 사이의 관계를 어이없을 정도로 시대에 뒤떨어지게 표현하는 일들이 일어나고 있다. 다윈이 웨스트민스터 사원에 있는 무덤에서 돌아누울 일이

실었다.

다. 우리는 예수가 왜 다음과 같이 경고했는지 알 수 있다. "많은 사람이 내 이름으로 와서 이르되 내가 그라 하여 많은 사람을 미혹하리라."* 카를 마르크스^Karl Marx도 이렇게 말했다고 한다. "나는 마르크스주의자가 아니다."

우리는 인종주의자들이 왜 다윈의 이름을 그들의 이름에 붙이고자 했는지 안다. 신뢰성을 확보할 수 있기 때문이다. 중요한 점은 우리가 인간 변이에 대해 많은 것을 배웠다는 것이다. 그렇다면 과학을 대변한다는 사람들이 왜 아직도, 너무나 창피스럽게도 그것에 대해 모르고 있을 때가 많은 것일까?

---

* 「마태복음」 24장 5절.

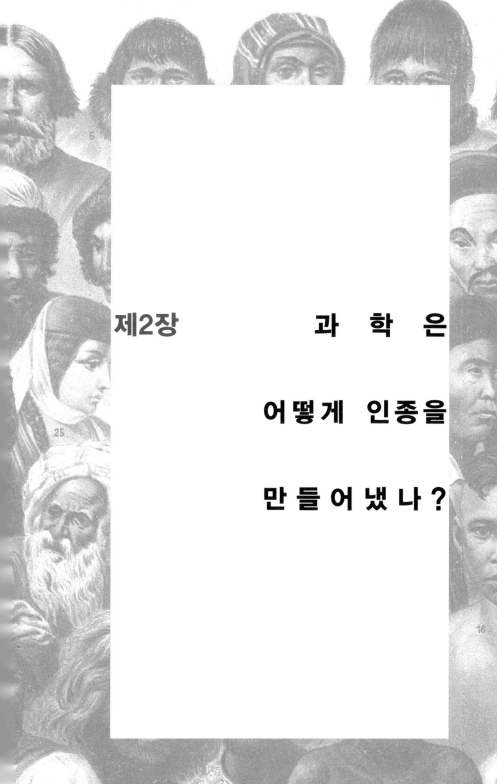

제2장 　　　　　　 과 학 은

어 떻 게 　인 종 을

만 들 어 냈 나 ?

인종이 "만들어진 것"이라고 할 때 그것이 어떤 의미인지에 관해 많은 혼란이 있다. 문제는 과학적 인종주의를 공개적으로 반박하려면 현재는 지나친 단순화로 여겨지는 "자연"과 "문화"라는 이분법적 분류를 받아들여야 할 때가 많다는 사실이다. 하지만 그 이분법적 분류가 대중 과학과 공공 담론에서는 굳어져 있기 때문에, 더 이해하기 힘든 뉘앙스를 담고 있는 무엇인가를 정말 말하고 싶을 때 이렇게 말해야 할 때가 많다. "아니, 그건 반대입니다. 그건 문화입니다." 겉으로만 보면, 그냥 그곳에 존재하면서 관찰되고 투명하게 이해될 수 있는 소박한 실체인 자연과는 달리, 인종은 역사의 산물이다. 인종이 생물학적 형태의 변이와 연관되는 경우가 많음에도 인종은 생물학적인 법칙이 아니라 문화적 법칙에 따라 이어진다. 따라서 인종은 단순히 자연의 산물이라기보다는 "자연/문화"의 산물로 이해하는 것이 더 바람직하다. 많은 경우 생물학적 패턴들 자체는 거부하면서도 문화적 의미가 자의성을 가지는 것이 인간 다양성의 패턴들 때문이라고 생각하는 것이다.

인종 개념의 역사에 대해 생각해보자. "인종"이라고 말할 때, 나는 사람 종이 자연스럽게 각각 구별되는 특징을 지닌, 적당하게 구별되는 몇 몇 종류로 나뉜다는 것을 의미한다. 그런데 그 생각은 경험적으로도 틀린 것이다. 사람 종은 그렇게 되지 않는다. 17세기가 될 때까지 왜 아무도 그런 패턴을 상상조차 하지 못했는지에 대한 설명이 되기도 할 것이다. 학자들은 옛날부터 계속 인간의 차이점에 대해 대륙적인 용어가 아닌 지역적인 용어로 설명해왔다. (기독교 전설에 따르면 노아의 아들들은 대홍수 이후 땅에서 다시 살기 시작했는데, 그중 함은 아프리카인의 조상, 셈은 아시아인의 조상, 야벳은 유럽인의 조상이 됐다고 한다. 하지만 당연히 고대인들은 세계에 대해 제한된 지식만을 가지고 있었고, 노아의 아들 형제들은 서로 모습이 거의 비슷해 보였다.)

다른 곳에 사는 사람들은 겉모습도 달라 보이는 경우가 많다는 것을 고대인들도 알고 있었지만, 그들은 그러한 차이를 대륙의 용어가 아닌, 지역의 용어로 해석했다. 하나의 대륙은 거의 같은 질의 덩어리들로 이루어져 있고, 서로 다른 대륙은 서로 다른 성분의 덩어리로 각각 이루어져 있다는 생각은 17세기가 돼서야 생겨났다. 18세기 중반에 되자, 세계에 사는 사람들을 몇 개의 서로 다른 대륙 덩어리로 분류할 수 있다는 생각을 당시 영향력이 컸던 스웨덴의 식물학자 칼 폰 린네$^{Carl Linnaeus}$와 독일의 철학자 이마누엘 칸트$^{Immanuel Kant}$가 설파하기 시작했다.

자연스러운 일이지만, 이 생각에 일부 반대 의견이 있었다. 프랑스의 박물학자인 뷔퐁^{Buffon} 백작(조르주루이 르클레르$^{Georges-Louis Leclerc}$)은 린네의 분류 작업을 모두 거부했다. 린네에게, 사람 종에 속한 아종들은 사람 속에 속한 종들(사람 종, 혈거인—린네가 잘못 생각했다), 영장 목에 속한 속들(사람 속, 원숭이 속, 여우원숭이 속, 박쥐 속—역시 린네가 잘못 생각했다)보다 단순히 낮은 단계에 있었을 뿐이다. 하지만 뷔퐁 백작은 우리가 현재 내포위계$^{nested hierarchy}$라고 부르는 이 패턴이 어떤 과정에서 발생해온 것이어야 한다고 생각했다. 그 과정을 타고 올라가면 공통 혈통으로 가장 분명한 후보가 나타나지만, 1700년대 중반의 과학자들은 그렇지 않다고 생각했다. 뷔퐁의 통찰은 훗날 다윈에 의해 결실을 맺게 된다. 하지만 다윈 이전에 린네가 당대의 생물학 분야에 미친 영향도 매우 방대했다. 그 패턴이 실재하기 때문이라는 단순한 이유에서다. 동물과 식물은 계통을 통해 그룹 안의 그룹들 형태로 존재한다.

린네가 사람 종의 과학적 연구에 미친 영향은, 그 뒤 200년 동안 사람 종에 대해 과학적으로 연구하려면 먼저 분류를 해야만 하도록 만들었다는 것이다. 흥미롭게도, 린네의 분류는 네 개의 지리적 기반을 가진 아종을 열거했다(그리고 색깔에 따른 것이기도 했는데, 편의를 위해 적색, 백색, 황색, 흑색으로 분류하자). 하지만 그는 그것들을 인종이라고 부르지는 않았다. 분류 작업을 인정하지 않은 뷔퐁은 분류라는 전제조건 없이 인간의 다양성에 대해 기술했지만, 여행기에서는 다양한 종족들을 묘사하면서 별 생각 없이 "인종"이라는 단어를 사용했다. 한 세대가 지나서 뷔퐁의 용어는 린네의 개념과 동의어가 됐고, 생물학자들은 사람의 핵심 구성 단위인 인종의 정체를 확인하면서 사람의 구조를 연구하게 된다. 물론, 그들은 어떤 판단 기준을 적용할 것인지, 구성 단위가 어떤 것들인지의 문제는 접어두고라도, 얼마나 많은 구성 단위가 있는지에 대해 광범위한 의견 차이를 보였다. 다윈도 『인간의 유래와 성 선택』에서 이 문제를 언급한 바 있다.

그렇게 만들어진 인종 개념은 두 가지 요소를 가지고 있다. 집단 간의 불연속성과 집단들 안에서의 동질성이 그것이다. 17~18세기에는 왜 이런 생각을 했을까? 네 개의 요인이 수렴돼서 그랬을 가능성이 높다. 첫째, 장기간 배를 타고 해외로 여행하는 일이 흔해지면서 승객들은 육로로 장기간 여행할 때 느끼는 것과는 달리 인간의 형태가 불연속성을 지닌

다는 생각을 했을 것이다. 둘째, 유럽인들은 다른 세계의 낯설고 가변적인 사회 조직 형태와 만나게 되면서 그것들이 그동안 익숙해 있던 중앙집권적이고 연결된 민족국가와는 매우 다르다는 판단을 했을 것이다. 노예 경제의 발달로 노예 자원을 구하기 위한 노력이 확산되고 있을 때였다. 셋째, 지도 이미지가 같은 시기에 보편화됐다. 네 개의 다른 대륙들은 비유적으로 여성으로 그려졌고, 나중에는 그 대륙에 사는 사람들을 나타내게 됐다(과학은 예술을 모방하게 되는가 보다). 넷째, 믿을 만한 지식을 생산해내는 방법으로서의 과학이 꽃을 피웠다. 지식은, 린네의 경우에서 보듯이 방대한 수집과 엄격한 분류로 시작한다는 것이 일반적인 생각이었다.

린네의 사람 아종에 대한 분류는 지리와 얼굴 생김새 같은 자연적인 특성뿐 아니라 의복과 법률 제도 같은 특성에도 기반을 두고 있었다. 유럽 백인종은 법의 지배를 받고("리티부스"^{Ritibus}), 아시아 황인종은 의견의 지배를 받고("오피니오니부스"^{Opinionibus}), 아메리카 적색 인종은 관습의 지배를 받고("콘수이투디네"^{Consuitudine}), 아프리카 흑인종은 기분에 지배를 받는다("아르비트리오"^{Arbitrio})고 했다. 이와 비슷하게, 유럽 백인종은 목에 꽉 끼는 옷을 입는 특징이 있고("베스트멘티스 아르크티스"$^{Vestimentis arctis}$), 아시아 황인종은 옷을 헐렁하게 입고("인두멘티스 락시스"$^{Indumentis laxis}$), 아메리카 적색 인종은 미세하게 빨간 줄을 몸에 긋고("핑기트 세 리네이스 다이달레이스 루비스"$^{Pingit se lineis daedaleis rubris}$), 아프리카 흑인종은 몸에 기름을 바른다("웅기트 세 핑구이"$^{Ungit se pingui}$)라고도 썼다. 여기에는 분명히 생물학 이상의 무언가, 문화적인 가치 판단도 있었다.

하지만 인종과 관련해서는 더 큰 문제가 있다. 인종이라는 말이 공식적인 용어 정의를 거치지 않고 도입됐기 때문이다. 뷔퐁은 별 생각 없이 "품종"^{breed}이나 "혈통"^{strain}의 의미로 이 말을 썼다. 하지만 이 말이 린네가 분류한 공식적인 아종과 결합되면서 대륙과 종족 집단 모두를 동시에 분류 범주로 만드는 것이 가능해졌다. 같은 대륙인들이지만, 예를 들어, 덴마크인과 시칠리아인이 서로 다르게 보이는 것은 분명하다. 이는 아종 안에서도 그룹 안에 더 작은 그룹이 존재한다는 것을 암시해준다. 아종 은 과학적 생물 분류의 가장 하위 단계이다. 1899년 윌리엄 Z. 리플리 William Z. Ripley가 낸 책 『유럽의 인종들』The Races of Europe은 '인종'이라는 익숙한 단수 표현 대신 "인종들"이라는 낯선 복수 표현을 사용하고, 세 개의 인종을 제시했다. 칼튼 쿤Carleton Coon이 1939년 이 책의 개정판을 냈을 때는 인종이 열한 개 이상이라고 제시했다. 현장 연구를 통해 유럽 바깥에서도 수많은 생물학적 이형이 실제로 존재한다는 것이 밝혀졌다. 찰스 셀리그먼Charles Seligman의 『아프리카의 인종들』Races of Africa (1930)은 그중 여덟 개를 밝혀냈다.

이 복수 개념은 폭이 너무나 넓어서 아프리카인, 아시아인 같은 대륙 기반의 집단 구분, 피그미족, 노르딕족 같은 신체 특징 기반의 집단 구 분, 반투족, 슬라브족 같은 언어 기반의 집단 구분, 유태인, 집시 같은 민 족 기반의 집단 구분을 동시에 모두 수용할 수 있었다. 게다가 각 민족과 관련되어 묘사된 특징은 소진화의 결과물이 아니라, 역사, 편견, 식습 관, 버릇의 결과물일 수도 있다. 그런 생각을 담은 표현이 "인종의 냄새" racial odor다. 20세기 초 하버드대학교의 인종 전문가였던 어니스트 후턴 Earnest Hooton은 설명한다.

인류학을 공부하는 똑똑한 일본인 학생에게 백인의 두드러진 특징이라고 할 만한 냄새가 있는지 물어볼 기회가 있었다. 그 학생은 아주 단호하게 그렇다고 대답했으며, 매우 역겹다고도 말했다. 그리고 이어, 하버드대학교 체육관에 들어갈 때마다 그 냄새가 특히 코털을 자극한다고 말했다. 난 당장 두 손 들었다. 왜냐하면 나도 같은 경험을 했다는 것을 인정해야만 했기 때문이다. 그 체육관은 지금 없어졌지만, 미국에서 가장 오래된 건물 중 하나였고, 건물 전체에 수세기에 걸친 학생들의 땀 냄새가 배어 있는 곳이었다.(Hooton, 1946: 541)

하지만 그렇다고 해서 이것이 문화적인 특징이나 선입견을 마치 인종적 특징인 것처럼 과대포장할 수 없었다는 것을 의미하지는 않는다. 또 다른 미국의 인종 전문가는 스미스소니언연구소의 알레스 흐르들리카Aleš Hrdlička였다. 그는 진지하게 설명한다. "흑인종은 야심이 그리 크지 않고, 감정과 열정이 강하지만 덜 이성적이고, 이상주의적이라 다소 약하고, 놀이와 스포츠를 매우 좋아하지만 탐구심은 별로 없고, 모험심은 보통 정도, 음악적 재능이 잘 나타나지만 지적 수준이 높은 쪽은 아니고, 평소 부주의하고 걱정을 오래 안 하는 편이지만 미신적인 두려움에 사로잡혀 있다."(1930: 170)

미국에서 인종과 경제적·사회적 지위 간의 상호관계가 그렇게 강하지 않다면, 과학의 외피를 입은 이 평가가 어떻게 수정되었을지 모를 일이다. 인종이 효과적으로 사회적 표지가 되면, 개인을 어떤 범주에 배정하느냐에 따라 그 개인의 삶의 과정과 질이 중대한 변화를 맞을 수도 있다. 미국 내 민권운동은 "인종주의적인" 이슈와 문제가 생물학적 영역이 아닌 사회적·정치적 영역에 해당한다는 인식이 높아졌기 때문에 상당 부분 가능했다.

인종은 생물학이나 자연처럼 그럴싸한 변수들을 경제학, 정치학, 그리고 도덕 논의에 끌어들이는 역할을 한다. 대규모 사회 불평등이 시작된 이래 약 1만 년 동안 피해자들은 의문을 제기해왔다. "대규모 사회 불평등은 왜 존재하는가?" 왜 가진 자와 못 가진 자가 존재하는 것일까? 왜 나는 왕, 파라오, 황후나 여왕이 아닐까? 대답이 될 수 있는 것들 중 하나는 다음과 같은 가능성이다. 지배자나 피지배자나 능력은 동등하게 타고 났지만 그들이 사회적으로 차이가 나는 것은 장기적인 역사적 불평등 때 문이라는 것이다. 계몽주의 시대 철학자 장자크 루소Jean-Jacques Rousseau 는 1754년 불평등의 기원에 대한 유명한 의문을 던지고, 자신이 제시한 답의 가장 중심부에서 생물학적 과정이 아니라 사회적 과정들을 가상으 로 재구성했다. 여기서 사회적 과정이란 사유 재산에 대한 사고의 발전 과정을 말한다. 자연적인 불평등과 타고난 재능은 실제로 존재한다. 하 지만 부자와 빈자는 그 본질에서 생물학적으로 서로 유기적으로 바뀔 수 있는 존재들이다.

　한 세기가 지난 후, 지배 계급이 피지배 계급보다 실제로 혈통이 더 좋 고 자질도 더 낫다는 가정에 근거해 또 다른 답들이 제시됐다. 파라오는 이시스와 오시리스의 후손이고, 우리는 아니라는 것이 오랫동안 상식이 었다. 그래서 파라오는 더욱 적당한 또는 그럴 자격이 있는 존재가 된다. 아마 왕은 신으로부터 받은 권리 덕에 그 자리에 있는 것일 수도 있다. 그 렇기 때문에 사회적 계층 구조에서 주요한 격차는 대부분 불변인 상태를 유지한다. 태어날 때부터 정해진 사실이기 때문이다. 하지만 고대인들 은 이런 문제들에 대해서는 간단하게만 언급했다. 예를 들어, 아리스토 텔레스Aristoteles는 어떤 사람들이 태어났을 때부터 노예였으며, 이 불쌍 한 사람들은 부자들이 철학자가 될 시간을 가지게 하기 위해 필요했다고 주장했다. 하지만 그는 선천적이고 바꿀 수 없으며 운명으로 정해진 경 제적·정치적 계층 구조에 대한 이론을 만들지는 않았다. 그 이론은 흔히 "과학적 인종주의의 아버지"로 불리는 아르튀르 드 고비노가 만들었다. 1853년 나온 『인종 불평등론』이 그것이다.

　고비노는 문명이라는 모호한 아이디어와 인종이라는 모호한 아이디 어를 합쳤다. 그리고 혈통적으로는 "아리아인"Aryan이라는 이름이 붙여진 유럽의 귀족들이 세계 여러 문명들의 궁극적인 인종적 근원이라고 주장했다. 문명은 아리아인 지도자들의 순수성과 비례해 발전했고, 아리아인들이 지역 인종과 섞이면 쇠퇴했다. 그의 요점은 사회적 불평등은 단지 자연적인 하부 계층의 존재를 보여주는 것에 불과하다는 것이었다. 유럽은 세습 귀족이 필요했다. 왜냐하면 세습 귀족이 없이는 문명 자체가 위험에 빠질 것이기 때문이었다. 그의 주장은 몇 십 년 후 독일에서 휴스턴 스튜어트 체임벌린Houston Stewart Chamberlain이, 미국에서 매디슨 그랜트Madison Grant가 반복한다. 중요한 결론은 다음과 같다. 사회적 불평등은 자연스러운 일이며, 따라서 부당함의 결과가 아니다. 결과적으로, 이러한 사회적 차이들의 선천적 기초가 무엇인지 밝혀내기 위해 자연은 이용되고 연구될 수 있다. 20세기를 거치면서 고비노의 생각은 다양한 방법으로 변형됐다. 하지만 본질적으로 그 생각은 다른 경제 계층 간의 선천적 불평등을 증명하는 수단으로 과학을 끌어들여 정치적으로 이용하겠다는 것이다.

이런 정치적 스펙트럼의 반대쪽 끝에서, 카를 마르크스를 포함한 다른 초기 사회 이론가들은 사회적 불평등이 억압의 역사에 따른 결과물이고, 따라서 자연과학은 계층 간의 차이를 이해하는 데 적합하지 않다고 주장했다. 계층 간 차이는 정치 경제학의 산물이며, 해결 방법은 사회적 정의를 이루기 위해 노력하는 것뿐이다. 인류학은 퀘이커 교도 학자인 에드워드 타일러Edward Tylor에 의해 기초가 세워졌다. 인류학의 전제는 가난한 사람, 억압 받는 사람, 피식민지인은 열등한 존재가 아니라는 것이다. 그들의 문제는 후진성에서 비롯되는지도 모른다. 하지만 모든 사람은 같은 종류의 유기체였다. "현재의 목적을 위해서 과학이 인종의 유전적 다양성과 사람의 인종을 발명한 과정을 생각하지 말고, 다양한 수준의 문명에 살고 있더라도 인류 전체를 자연에서 동질성을 가진 존재로 대하는

것이 가능하고 바람직해 보인다."(1871: 6~7)

타일러가 반대했던 것은 무엇일까? 백인이 아닌 종족은 실제로 다른 등급의 사람들이기 때문에, 노예가 되거나 멸종당하지는 않더라도, 착취당하고 속여지기 위해 존재한다는, 당시 널리 퍼졌던 과학적인 관점이었다. 당시 선두에 서 있던 영국의 한 유전학자는 이렇게까지 썼다. "인류의 이익을 최대로 늘리려면 능력 있고 충실한 백인종이 땅을 활용하지도 않고 인류의 공통적인 지식 축적에 기여하지도 못하는 피부가 검은 종족을 대체해야 한다."(Pearson, 1892: 438) 영국의 저명한 한 고생물학자는 이렇게도 썼다. "땅에 대한 소유권을 확립하는 데 중요한 것은 누가 먼저 차지했느냐가 아니라 활용하는 능력이다. 따라서 엄격하지만 선의를 가지고 있는 유기체 세계의 폭군인 자연선택이 분명하고 빠르고 그리고 완전하게 벌칙을 행사하지 않게 하려면 …… 모든 인종이 자신들에게 그리고 인류에게 의무적으로 해야 하는 것은 모든 가능한 수단을 동원해서 자신의 힘을 기르는 것이다."(Sollas, 1911: 591)

정치는 항상 생물학 안에서 존재해왔다. 그래서 타일러는 확실하게 "개혁자의 과학"을 공식화했다. 이는 문화를 중심으로 한 과학, 즉 인류학이다. 인류학은 세계의 종족들에 가해지는 악행을 합리화하기 위해 쉴 새 없이 동원되고 있는 인종, 생물학, 유전학에서 벗어난 학문이다.

하지만 물론 그것은 가정이다. 빈자와 부자가 왜 사회적 차이를 보이는지 설명하기 위해 그 두 집단 사이에 적절한 자연적 구분이 없다는 것을 증명할 수 있는가? 그렇게 못한다면, 그 구분을 계속해서 찾아봐야 한다. 외계 생명체나 요정을 믿는 것처럼 열심히 믿으면 아마 찾을 수 있을지도 모른다. 어쨌든 아직 찾지 못했다는 사실이 없다는 것을 의미하지는 않는다. 과학계에서는, 증거의 부재가 부재의 증거는 아니라는 말을 종종 한다. 그리고 부정 명제를 증명하는 것은 엄청나게 어려운 일이다.

상황을 감안하면 놀라운 일도 아니지만, 모든 세대에게는 계층 간 경제적인 지위 차이가 극도로 심한 것에 대한 표면상의 과학적·자연적 설명이 있었다. 19세기 말 사회복지 분야 종사자들은 "정신박약"feeble-mindedness이라는 보편화된 병에 대해 말하기 시작했다. 20세기 초반에는 미국의 유전학자 찰스 대브포트Charles Davenport가 그 병의 단순한 유전학적 근거를 찾았다고 주장했다. 게다가 그는 동료들에게도 그 근거를 설득했다. 유전학자들은 그들 주장의 근거라는 대립형질 유전자를 북유럽 출신이 아닌 가난한 사람들에게서 대부분 발견했다.(Chase, 1977)

다른 과학자들은 빈곤이라는 사회적 현상의 자연적 원인을 두개골의 크기나 모양에서 찾았다고 주장했다. 스탠퍼드대학교의 루이스 터먼Lewis Terman, 예일대학교의 로버트 여크스Robert Yerkes, 프린스턴대학교의 칼 브리엄Carl Brigham 같은 심리학자들은 표준화된 지능 측정 방법을 개발하고 적용했다. 그리고 계층 간 차이를 설명할 확고한 유전적 속성을 알아낸 것처럼 결과를 해석했다. 영국의 심리학자 시릴 버트Cyril Burt, 그리고 그 이후 미국의 토머스 부처드Thomas Bouchard는 태어나자마자 헤어진 일란성 쌍둥이들을 대상으로 대규모 실험을 진행한 후, 지능과 성격은 대부분 타고 나는 것이며 양육에 의한 것이 아니라고 결론 내렸다. 이런 추정을 바탕으로 정신분열증, 동성애, 무모함, 알코올중독, 지나친 독실함, 뇌 크기를 결정하는 유전자가 모두 인간 게놈에 있는 것으로 확인됐다. 인정한다. 하지만 위의 주장들은 유통기한이 매우 짧다.

이 연구 영역 모두 과학적인 가치를 가지고 있지만, 그 가치는 서로 다른 집단의 사람들이 나면서부터 서로 다른 지적 능력을 가지고 있다는 것을 보여주는 데 있지 않다. 위의 주장들은 지속적으로 반박돼왔지만, 그 주장들의 정치적 설득력은 너무나 강했다. 자기들이 하는 말과 하고 있는 일이 어떤 역사적·정치적 의미를 갖는지 모르는 과학자들은 마치 처음 그러는 것처럼 인종주의적 가설을 밀고 있거나 그럴싸한 인종주의적 결론을 내리고 있었다. 어떤 경우, 생물정치학적 문제에 매달려 있을 때 과학자들이 보이는 맹신을 생각해보면 데이터와 추론이 재미있기까지 하다. 눈에 띄는 예로, 쌍둥이 짐 형제를 보자. 그 둘은 태어났을 때 헤어졌다가 우연히 30대 후반이 돼서 다시 만났다. 만나고 보니 둘이 결혼한 여자들의 이름이 린다로 같았다. 둘 다 이혼을 하고 다시 결혼을 했는데, 그때도 결혼한 여자들의 이름이 베티로 같았다. 아들들의 이름도 제임스로 같았고, 키우는 개들 이름도 같은 토이였다. 둘 다 같은 쉐보레를 몰았고, 담배도 같은 세일럼을 피웠다. 미네소타대학교 심리학자들은 개인 자선단체인 파이어니어기금에 요청해 초기 연구 자금을 지원받았다. 파이어니어기금은 수십 년 동안 우생학자, 분리차별주의자, 유전론자, 인종주의자들에게 자금을 공급해왔다. 연구진은 태어나자마자 헤어져 나중에 다시 만난 다른 쌍둥이들의 이야기를 수집해 연구한 결과, DNA가 지능, 성격, 키우는 개의 이름을 짓는 데 크게 영향을 미친다는 것을 입증할 수 있었다고 밝혔다.(Wright, 1997; Segal, 2012)

실제로 미네소타 쌍둥이 연구, 짐 쌍둥이 형제와 아내, 아들, 개의 이름, 그리고 인생의 과정에 미치는 유전자의 힘에 대한 추론은 잘 포장되어 지난 몇 십 년 동안 세 차례나 저명한 과학 저널인 『사이언스』의 뉴스 섹션에 실렸다. 모두 같은 기자가 실은 것이다.(Holden, 1980, 1987, 2009) 하지만 진짜 문제는 "어떻게 이 데이터를 설명할 것인가?"가 아니다. (그리고 공정하게 말하면, 짐 쌍둥이는 초자연적인 연결의 증거로 언급되기도 했다.) 문제는 "과학적 센스까지는 아니더라도 하더라도, 센스가 조금이라도 있는 사람들이 그런 어처구니없는 얘기를 왜 있는 그대로 받아들였을까?"이다. 어떤 유전학적 증거까지는 바라지도 않는다. 과학 얘기는 조금이라도 의심해서는 안 되는 것인가?

연구 자금의 출처인 파이어니어기금이 연구의 과학적인 가치를 논하기에 적절한 단체인가? 이데올로기 이해 충돌이 항상 있는 생물정치학적 영역에서는 물론 적절하다.(Sussman, 2014) 이데올로기에 대한 헌신은 연구의 분석과 평가를 복잡하게 하는 추가 변수가 된다. 대부분의 과학자들은 그럴 필요도 없고, 따라서 그런 헌신을 고려하거나 맞닥뜨릴 준비가 잘 되어 있지도 있다.

세계 곳곳에 사는 사람들의 종류를 과학적으로 특화해 연구하는 학문으로서 20세기를 시작한 분야는 형질인류학이다. 미국의 저명한 전문가 알레스 흐르들리카는 1908년에 이를 "인종들과 그 하위 분류 단위에 대한 연구"라고도 표현했다. 형질인류학은 두개골에 대한 집중(돌이켜보면 도착적이라 할 수도 있겠다)을 기초로 성립한 학문이다. 그 기초는 이탈리아의 초기 인류학자 주제페 세르지Giuseppe Sergi가 설명하고 있다. "두개골은 분류의 특징들을 주로 제공해준다. 두개골은 인간의 가장 중요하고 고등한 조직인 뇌의 외부 모양을 보여준다. 또 두개골은 뇌의 분류 수단이기도 하다."(1893: 290) 물론 사람들이 왜 서로 다른 생각과 행동을 하는지에 관심이 있으면 두뇌를 연구하고 싶을 수 있다. 딱히 무얼 연구하겠는가? 췌장? 그리고 사람들은 보통 쉽게 자기 뇌를 만지게 놔두지는 않기 때문에 만질 수 있는 두개골을 만지는 것이다. 그래서 비현실적으로 환원주의적이고 물질적인 과학적 우주에서는 초기의 형질인류학이 상당히 큰 의미가 있었다.

하지만 두개골의 과학인 형질인류학을 두개골을 가지고 하는 사이비 과학인 골상학과 차별화시키는 것이 중요했다. 골상학도 똑같은 기본 주장을 내세우고 있다. 성격은 뇌 안에 들어 있는 것이고, 뇌는 두개골 안에 들어 있으니 두개골의 형태는 성격을 나타낸다고. 그래서 골상학은 두개골의 튀어나온 부분들로부터 개인의 특징을 진단해내 운명을 알아낸다고 주장한다.(Fabian, 2010) 인간 집단들 사이의 차이점에 주목하는 형질인류학에서는 한 개인이 집단 평균에 포함되며, (두개골과) 개인의 성격, 행동과의 관련을 부정하거나 최소한 중요하게 생각하지 않는다는 점이 주로 다르다.

두개골은 종족마다 서로 다르다. 두개골이 붙어 있는 몸도 마찬가지다. 따라서 과학적 연구는 그 사실에 충실하는 것이 합리적으로 보인다. 이 분야에서 미국에서 최초로 전문가가 된 새뮤얼 조지 모턴Samuel George Morton과 조사이어 노트Josiah Nott는 1840년대와 1850년대 노예들의 노동을 연구 분야로 삼았다. 노예 제도가 오래전에 불법이 된 영국의 학계는 어떻게 최초의 인종적 차이가 있었는지를 놓고 갈라져 격렬한 논쟁을 벌이고 있었다. 1장에서 본 것처럼, 인류일조설 지지자들과 인류다원설 지지자들 간의 논쟁은 미국 남북전쟁과 다원주의의 부상이 하나로 합쳐지자 의미가 없어져버렸고, 런던에서는 1871년 민족학회Ethnological Society와 인류학회Anthropological Society가 화해를 했다.

미국에서 형질인류학의 발전은 아메리카 원주민을 대상화하는 과정과 연결됐다. 형질인류학자는 단순히 두개골 전문가가 아니라, 특히 인디언 두개골 전문가였다. 이민자의 나라이기 때문에 대체로 미국의 고고학자는 다른 사람들의 조상 무덤을 파는 것이지, 자신의 조상 무덤을 파는 것이 아니라고 확신하고 있었다. 반대로 영국에서는 두개골 전문가들이 그들의 독자들의 먼 조상들에 대한 전문가이기도 했다. 이 역할의 중요성은 '최초의 영국인'인 필트다운인을 고인류학의 의심을 받게 했고, 1950년대 필트다운인이 사기라는 것이 밝혀졌을 때 특히 당황스러운 것이 됐다.

두개골이 나타내는 특징들은 매우 안정적이고 지역마다 다른 것이 확인되는 것처럼 보였으나, 초기의 실증적 연구들은 이렇게 겉으로 드러나는 특징들의 의미를 손상시키고 있었다. 아메리카 대륙의 일부 종족들은 아이들의 머리를 특정한 방법으로 싸거나 묶어서—그들은 매력 있다고 보지만— 머리 모양을 이상하게 변형시키는데, 이런 사실은 두개골의 모양이 더 미묘한 환경 효과에 좌우될 가능성이 있다는 것을 암시했다. 또 프랑스의 형질인류학자 아르망 드 카트르파즈^Armand de Quatrefages가 (프로이센-프랑스 전쟁 기간 동안) 독일인들은 두개골학적으로 진짜 유럽인이 전혀 아닐 수 있으며, 핀란드인과 연결된 침략 민족일 가능성이 있다고 말하자, 독일 과학자들은 자신들에 대한 인종 조사를 시작했다.(Manias, 2009) 그들은 관련된 인종적 범주가 그전에 흔히 생각했던 것보다 훨씬 덜 분리돼 있다는 것을 발견했다. 유태인과 독일인의 차이를 구체화할 때조차 그들은 두 집단 사이에서 인종적·형질적으로 상당히 많은 부분이 겹친다는 것을 발견했다.(Zimmerman, 1999)

19세기가 끝나갈 무렵에는 많은 인종주의 이론가들이 인종적 표지로서의 두개골 모양에 집착했다. 하지만 인간생물학 실증 연구자들은 유전자가 두개골 모양을 얼마큼 결정하는지 의문을 품고 있었다. 독일계 미국인 인류학자 프란츠 보아스^Franz Boas는 머리가 길쭉한 러시아계 유태인과 머리가 둥근 시칠리아인의 20세기 초반 대규모 뉴욕 이민 사례를 이용해 뉴욕 생활이 이들의 고전적으로 다른 모양에 미친 영향을 연구했다. 그 결과, 이민자들의 머리 모양이 진짜로 그들 민족의 평균 모양에서 변해 서로 비슷해지는 것을 발견했다.

특히 하와이로 이민 간 일본인들을 포함해 다른 이민자 집단을 대상으로 한 후속 연구를 해봐도 생활 조건이 두개골뿐 아니라 몸의 성장과 최종 형태에 큰 영향을 미친다는 것이 확인됐다. 그래서 두개골을 측정하는 것이 서술적으로 가치가 있으며, 두개골의 모양이 지역적 특성을 나타낼 수도 있지만, 요즘은 혈액형처럼 고정된 유전적 특성이 아니라 생물문화적인 혈통의 특징 중 하나로 인식되고 있다.

다음 문제가 여기서 나온다. 혈액형은 어떤가?

멘델 유전학으로 얻은 것은 특정한 생물학적 물질들이 세대를 거치면서 충실하고도 안정적으로 전달된다는 증거다. 교육 받은 계층에게 특질인 좋은 자세, 기지, 강한 직업 윤리 같은 것들은 아니어 보이더라도, 이용 가능한 유전적 특징들을 혈통 자체는 아니지만 혈통의 대역, 즉 수동적 표지로 쓸 수 있을지 모른다.

혈액형이 발견되고 분류된 것은 막 20세기가 됐을 무렵였다. 혈액형이 유전을 얼마나 잘 나타낼 수 있는지는 어느 정도 논란이 있었지만, 혈액형이 매우 간단한 유전자 시스템으로 작동한다는 것은 분명했다. 사람들은 혈액형에 따라 A형, B형, AB형, O형의 네 종류로 분류됐다. 혈액형은 인류를 유전자로 구별하는 이상적인 방법처럼 보였다. 하지만 불행하게도 혈액학자는 이 네 가지 혈액형이 거의 모든 곳에 분포한다는 사실을 알아버린 것 같다.

제1차 세계대전은 서로 이질적인 인구 집단에서 추출한 군인들의 혈액형 그룹을 연구할 수 있는 기회를 제공했다. 혈청학자들은 각 인구 집단에서 네 개 혈액형의 비율을 표로 만들거나, 유전자풀에서 A, B, O 대립형질의 숨겨진 비율을 계산해낼 수 있었다. 어느 쪽으로든 데이터를 분석했지만, 각 인종을 대표하기 위해서 대강 데려온 사람들의 무리를 인종 비율에 맞춰 똑같이 구성하는 데는 실패한 것 같다. 영국의 저널 『인간』*Man*에 실린 비판적 리뷰의 결론은, 인종과 임의의 그룹과의 혈액학적 유사성이 없어서 "혈액형을 인종 유형의 판단 기준이라고 생각하는 매우 열렬한 지지자들을 설득시키기에는 충분할 것 같지만, 인종 간의 관계를 판단할 수 있다고 생각하는 사람들에게는 기대와는 달리 그렇게 중요성이 없을 수 있다"였다.(Young, 1928)

더 불행한 사실은, ABO 혈액 그룹 빈도는 매우 제한된 범위 안에서만 실제 변이를 보이기 때문에, 멀리 떨어져 있는 종족들의 ABO 수가 우연히 같아지는 것이 드문 일이 아니라는 것이었다. 따라서 폴란드인과 중국인을 혈청학적으로 동일한 인종으로 분류해야 하는 일이 발생했다. 일반적이거나 과학적으로 이해되는 인종이라는 맥락에서 보면 혈액형은 아무런 의미가 없었다.

1930년대 초반 나치의 부상으로 유전학과 인종의 관계에 대해 그동안 성과를 내지 못하고 있던 학술 논쟁에 상당한 심각성과 속도가 붙게 됐다. 인종주의 과학에 대한 비판은 그전에도 있었다. 하지만 유전학이 그러한 실체들을 확증해주는 데 실패한 것은 사람 종의 겉으로 보이는 기본적이고 자연적인 구분에 대한 전통적인 생각에 강한 도전이 됐다. 생물학자 줄리언 헉슬리Julian Huxley와 인류학자 앨프레드 코트 해든Alfred Cort Haddon은 『우리 유럽인들』We Europeans (1935)에서 인종주의적 사고에 대해 장문의 비판을 하고, "인종"이라는 용어로 표현되는 인간 집단은 자연적으로 묶여 있다기보다는 문화적으로 그렇게 불리는 경향이 있기 때문에, "종족 집단"으로 불러야 한다고 강조했다. 이 논지는 애슐리 몬태규Ashley Montagu의 『인류의 가장 위험한 신화』Man's Most Dangerous Myth (1942)라는 책에서 채택됐다.

그러나 인간생물학 분야의 새로운 발견들에 대한 반발도 존재했다. 유네스코 사무총장 시절 줄리언 헉슬리는 「인종에 관한 성명」Statement on Race을 발표해 전후 세계를 위한 공식 문서가 되도록 했다. 하지만 이 문서는 과거 나치 과학자들을 비롯해 그 앞 세대의 인종주의 과학자들을 격분시켰다. 이들은 압력을 행사해 이듬해 유네스코가 (약화된) 2차 개정 성명을 내도록 했다. 제2차 세계대전 기간 동안 「인류의 인종들」The Races of Mankind이라는 소책자가 미군위문협회 의뢰로 발간돼 배포된 적이 있었다. 그런데 이 책은 전후 체제 전복적으로 여겨지게 됐다. 흑인과 백인이 동등한 지능을 가지고 있다는 암시를 했다는 이유에서였다. 책의 공저자인 문화인류학자 진 웰트피시Gene Weltfish는 1953년 "적색 공포" 시절 미국 하원 반미활동조사위원회 증언을 거부했다는 이유로 컬럼비아 대학교에서 해고됐다.(Teslow, 2014)

하지만 전후에는 두 개의 사회 세력이 동시에 활동을 시작하기도 했다. 미국의 민권운동과 세계적 탈식민지화 운동이다. 여기서 생물정치학적 문제가 구체화됐다. 정치적·경제적 정의, 인권, 사회적 억압이 만드는 지형에서 생물학은—말하자면 인종은— 논점을 일탈시키는 수단에 불과했다. 저능아와 천재가 동일한 기본적 존엄과 기회를 누리는 사회에서는 유전적 또는 생물학적 변이는 그 어떤 형태라도 별다른 의미가 없다.

따라서 앞에서 언급한 두 개의 연관된 오류를 구분하는 것이 유용하게 됐다. 먼저, 인종본질주의다. 이는 사람 종이 자연스럽게 각각 구별되는 특징을 지닌 소수의 적당한 종류들로 나뉜다는, 실증적으로 오류가 있는 과학적 생각이다. 다음으로 인종주다. 이는 인간 집단들은 자연적으로 타고난 능력이 서로 다르고 순위를 매길 수 있으며, 이를 근거로 권리도 다르게 주어지며, 개인은 자신의 특징, 능력, 성과 또는 권리가 아니라 어떤 집단에 속해 있는지를 근거로 판단돼야 한다는 도덕적으로 부패한 생각이다.

미국 형질인류학자들과 인간유전학자들은 그들의 아마 선할 수도 있는 과학을 사악한 독일의 같은 분야 과학과 차별화하려고 했으나 허사였다. 두 과학 모두 제2차 세계대전 이후에 근본적으로 다른 이미지를 보여주어야만 했다. 새로운 인간유전학은 그전에 비해 덜 "응용적"이 될 수밖에 없었고, 의지박약이나 범죄 관련성 같은 사회적 돌연변이보다는 겸상적혈구빈혈, 테이-삭스병$^{Tay-Sachs}$ 같은 질환을 다루는 실질적인 임상 병리학에 집중해야만 했다. 그렇게 해서 얻는 이득은 강제적인 것이 아닌 선택적인 것이었다. 궁극적인 관심은 인종이나 민족이 아닌 가족에 맞춰져 있었다. 전후 형질인류학은 주제에 대한 가정도 바꿔야 했고 생물문화적 지역 적응과 인간 집단의 소진화적 움직임에 집중하게 됐다. 그렇게 해서, 옥스퍼드대학교의 인류학자 조지프 와이너$^{Joseph\ Weiner}$ (1957)의 말로 표현하자면, "어느 정도 서로 연결된, 환경적으로 적응되고 기능을 하는 존재들의 광범위한 네트워크를 구성하는" 종으로서의 사람 종을 새롭게 이해하게 됐다.

관심은 이제 상상에만 존재하는 사람 종 아래의 기본 하위 그룹이 아니라 인간의 정신과 몸이 다른 시간, 다른 장소에서 실제로 어떻게 적응하는가에 모였다. 이제 이전 세대가 합쳐 놓았던 두 가지의 관련 의문을 차별화할 수 있게 됐다. "사람 종에서 변이는 어떻게 구성되는가?"와 "인종이란 무엇인가?"이다.

첫 번째 의문에 대한 답은 크고 자연적인 구분이라고 할 수 있는 인종이 사람 종에서의 변이의 주요 요소를 구성한다는 생각이 잘못됐다는 것을 입증했다. 우리가 기본적으로 서로 다른 이유는 분명히 문화적인 것이다. 우리들의 일상 활동을 특징짓는 장식, 의복, 언어, 음식, 정신적 믿음이 그 예다. 그리고 이런 것들이 과학 자체를 구성한다. 논의를 위해서지만, 우리가 인간 다양성의 중요한 특징들을 무시하고 생물학적 다양성에만 집중한다면, 그 첫 번째 차원은 세계시민주의^{cosmopolitanism}, 유전학적 용어로 다형성^{polymorphism}이 될 것이다. 말하자면, 대부분의 변이를 거의 어디서나 찾을 수 있다는 뜻이다. ABO 혈액 그룹은 예외가 아니라, 법칙이다. 1972년 유전학자 리처드 르원틴$^{Richard\ Lewontin}$은 이 결과를 수량화해, 사람 종에서 발견 가능한 유전자 변이의 80퍼센트 이상이 인간 집단들 **사이**에서가 아니라 **안**에서 발견됐다는 것을 보여줬다. 이 결과는 모든 종류의 유전학적 데이터를 통해 확실한 것으로 증명됐다. 나머지 변이는 문화적인 것도 다형적인 것도 아니었다. 상당 부분이 연속변이였다. 즉 어떤 특징이 그 집단의 영역 내에서 지리적으로 한 극에서 다른 극까지 연속적으로 펼쳐지는 점진적인 변화를 말한다. 그리고 문화적인 변이, 다형적 변이, 연속변이를 제외하고 남은 변이는 지역적인 것이었다. 생태학적, 생물문화적 변이가 개체군을 구성하는 것이다.

두 번째 의문, "인종이란 무엇인가"에 대한 대답은 "사람 종의 기본적이고 자연적인 구분"이라는 간단한 대답이 착각을 일으키게 하는 것으로 일축되자 점점 더 분명해졌다. 생물학자들과 유전학자들은 인종이 어떤 것이 아니라고 말할 수 있었지만, 인종이 어떤 것이라고 말하는 것은 인문학 분야의 학자들에게 남겨진 숙제였다. 유전학자 윌리엄 보이드 William Boyd는 『사이언스』에 발표한 주요한 리뷰(1963)에서 인종이 자연적인 것으로 받아들여지는 것 이상으로 어떻게 문화사의 특징으로도 받아들여지는지를 우연히 증명해 보였다. 보이드는 자기 분야의 과학적 데이터를 이용해 인류를 열세 개 인종으로 분류해냈다고 주장했다. 하지만 그것은 인간의 분류에 대한 자신의 생각을 사람 종의 유전학적 데이터에 입혀 결과를 기술한 것에 불과했다. 그렇게 해서 그는 유럽인 다섯 개 인종으로 분류했지만 아프리카인은 하나의 인종으로 분류했다. 이는 인간의 유전자풀에 대한 객관적이고 자연적인 사실이 결코 아니었다. 다른 말로 하면, 인종은 자연의 데이터 및 그 데이터의 수집과 해석 과정에 내재하는 보이지 않는 문화적 이데올로기를 가지고 동시에 만들어지는 것이었다.

인종은 그러므로 차이에 대한 객관적 관찰이 아니라, 부분적으로는 두 종족을 각각 다른 범주에 넣기 위해서 얼마나 많은 차이점이 필요하고,

어떤 종류의 차이점이 필요한지를 매우 주관적으로 평가한 결과물이다. 단일한 주제 안에서의 단순한 변이로 사람들을 보는 것과는 반대되는 일이다. 다시 말해서, 사람 종의 단위들은 생물문화적으로 구성돼 있으며, 지리적으로는 지역적인 특성을 가진다. 인류 중 상층부에 있는 집단들이라는 개념은 자의적이고 금방 사라지는 개념이다. (자주 듣는 말이지만) 인종은 "존재하지 않는" 것이 아니라 자연의 범주로서는 존재하지 않는다는 말이다. 20세기 후반 인간 과학에서 실증적으로 도전을 받았던 인종에 대한 존재론적 문제는 인종이 존재하는가, 그렇지 않은가에 대한 것이 아니라, 특정 존재 형태로서의 인종이 존재하는가에 관한 것이었다. 인종은 두 개의 다른 원소로 구성된 생물문화적 화합물이다. 하나는 관찰 가능한 생물학적 차이이고, 다른 하나는 분류 가능한 문화적 인지 과정이다. 이렇게 해서 인종이 인류학의 한 구성물이 된 것이다. 세포가 생물학의 한 구성물이고 양성자가 물리학의 한 구성물인 것과 같다. 게다가, 이데올로기적으로 중립적이거나 정치적이지 않은 인종 연구는 한 번도 이루어진 적도 없고 결코 이루어질 수도 없다. 인종은 정치적인 속성을 가지고 있기 때문에 연구하기 재미있는 문제다. 그리고 인종에 대한 과학적 연구가 어떤 방법으로든 문화나 정치로부터 보호를 받거나 그 두 분야에 대한 면역력이 생길 것이라고 말하는 것은 매우 정치적인 위선이다.

물론 모든 사람이 동일하고, 모든 집단이 동일하다고 말하려는 것은 아니다. 그건 우스운 일이다. 그들은 동등하다. 이것은 법적이고 정치적인 입장이다. 유전학자 테오도시우스 도브잔스키^{Theodosius Dobzhansky} (1962)가 말했듯이, 동일성과 평등함은 동의어가 아니다. 문제가 되는 것은 인간의 차이점들이 어떻게 유형화되는가이다. 우리는 이제 알고 있다. 가장 먼저 문화적으로, 두 번째는 유전학적으로 세계시민주의적인 다형성을 가진 존재로서. 세 번째, 계속해서 우주로. 네 번째, 지역에서. 게다가, 가장 인간적인 행동의 다양성이 문화적 영역에서 일어난다는 점을 고려하면, 말하고 먹고 옷 입고 기도하고 생각하는 방법으로 우리 자신을 다른 사람들과 차별화하려는 것은 행동의 변이가 유전자의 변이와는 딱히 큰 연관이 없다는 것을 말해준다. 인간의 행동 변이는 주로 집단 간 변이다. 인간의 유전자 변이는 주로 집단 내 변이다. 결과적으로, 유전자 변이가 행동 변이의 중요한 원인이 될 것 같아 보이지는 않는다.

생각해볼 수 있는 또 다른 방법은 어이없을 정도로 성격과 행동에 영향을 미치는 대립형질 유전자를 상상해보는 것이다. 예를 들어, "행복한" 유전자, 또는 "외향적인" 유전자, "수다스러운" 유전자 같은 것들이다. "행복한" 유전자를 가진 독일인은 "슬픈" 유전자를 가진 독일인과는 다른 정신적·사회적 삶을 살 것이다. 하지만 유전적으로 "행복한" 독일인은 "행복한" 유전자를 가진 베네수엘라인보다는 "슬픈" 독일인과 훨씬 더 비슷한 정신적·사회적 삶을 살 것이다. 유전적으로 비슷한 독일인과 베네수엘라인이 둘 다 좀 더 행복하고, 좀 더 외향적이고, 좀 더 수다스럽다고 하더라도, 본질적으로 그들 사이에 공통점은 아무것도 없게 된다.

결국 대부분의 인간 집단 간 차이를 만드는 것은 문화적 과정이다. 하지만 문화적 과정은 신경학이나 유전학이 아니라 사회적 역사의 영역 안에 있다. 결과적으로, 인간의 행동 다양성 진화의 주요 특징을 설명할 때 우리는 생물학을 상수로 여기거나 적어도 무관 변수로 여긴다. 실제로, 이는 인간의 뇌와 몸을 발육적인 면에서 매우 유동적이며 생활 조건과 환경에 따라 모양이 정해지는 것으로 개념화하는 것을 의미한다. 이러한 조건과 환경—이야기를 쉽게 진행하고자 그냥 환경이라고 부르자—은 파리나 쥐의 환경보다는 인간에게 훨씬 더 복잡하고 결정적인 역할을 한다.

따라서 다른 종에 적용되는 것을 사람 종에 그대로 적용하기는 어렵다. 인간의 "환경"은 단순히 태양, 공기, 물, 나무, 새가 아니다. 그것은 다른 사람들과 어떻게 소통하고 상호작용하는지, 어떻게 물건들을 만드는지, 그리고 일반적으로 어떻게 살아남을 것인지에 대한 지식이다. 인간의 비문화적 본능이라고 마음 놓고 말할 수 있는 것은 거의 없다. 행여 있다고 하더라도, 예를 들면 말하기 같은 것인데, 그것들조차 특정 개인이 속해 있는 사회적 맥락에 강력하게 결정되는 방법으로 표현된다. 다시 말하면, 말하고자 하는 근본적인 인간의 본능도 파리, 뉴욕, 홍콩에서 각각 다르게 발전하고 다르게 표현될 것이다.

이민자 사회에 대한 연구들은 후손들이 경제적, 행동적, 정신적, 신체적으로 조상들과 눈에 띄게 달라질 수 있다는 것을 보여준다. 이런 종류의 데이터로 할 수 있는 가장 중요한 과학적 추론은 인식론적이며 부정적이다. 개인의 뛰어남이나 직업적으로 과한 (또는 부족한) 성취를 관찰하는 것은 인간 집단에 존재하는 선천적인 잠재 능력자들 간의 차이를 추론해내는 데 쓰기에는 형편없고 믿을 수 없는 지침이다.

제3장　　　과 학 ,　　인 종

그리고 유전체학

인종이 사람 종의 대규모 자연적 분류 단위를 의미한다고 가정하면, 인간 변이를 연구하는 것은 인종을 연구하는 것과 같지 않다. 그런 자연적 분류 단위는 존재하지 않기 때문이다. 인간 변이에 대해 연구할 수도 있고, 인종을 연구할 수도 있다. 그러나 그 연구들은 매우 다른 학문적 프로젝트다. 그리고 그 사실을 인식했기 때문에 인류학이라는 학문이 현대에 존재할 수 있었다.

중심 개념에 대한 생각을 근본적으로 바꾸는 것을 "패러다임의 전환"이라고 한다. 과학철학자 토머스 쿤Thomas Kuhn의 유명한 말이다. 인류학에서 패러다임의 전환은 인간 변이가 인종과는 독립적으로 분리돼서 기술되고 설명될 때 더 유익하다는 인식을 수반하고 있다. 인종과 인간 변이의 분리는 실제로 20세기 생물인류학biological anthropology의 상당히 큰 발견이다. 유인원으로부터의 혈통이 19세기에 그랬던 것처럼 말이다.

인종은 자연의 범주가 아니다. 다시 말하면, 사람 종의 공식적인 동물학적 하위 분류 단위가 아니라는 것이다. 하지만 그럼에도 실재하는 어떤 것이기도 하다. 그렇기 때문에 실재하는 것은 "자연"밖에 없다고 생각하면 틀린 것이다. 결국 계층 간 차이점이란 역사적이고 문화적인 것이지, 자연적인 것이 아니다. 계층 간 차이가 생물학적인 차이와 어느 정도라도 연관될 수 있다면, 인종의 실재는 딱 그만큼 생물문화적인 범주라고 볼 수 있다. 이는 인간의 자연적인 차이점과 어떤 종류, 얼마만큼의 차이가 문제가 되는지에 대한 문화적·생물분류학적 결정과의 교차점이다. 그런 결정은 제도화된 사회적 불평등과 결합돼 개인의 삶의 과정에 영향을 미친다. 실제로 그 결정은 개인의 신체 발달에도 영향을 미친다. 예를 들어, 미국 흑인의 평균 기대수명이 백인에 비해 4~5년 낮은 이유가 여기에 있다.

그렇다면, "인종"이라는 개념이 상식과는 달리 다소 복잡하다는 것은 분명하다. "인종"이 자연에 존재하지 않는다고 해서 사람들의 삶에 중요하지 않다는 것은 아니다. 돈, 정규 교육, 명성, 신처럼 자연적이지 않은 많은 것들도 중요하다.

그렇다면 우리는 인종이 단지 **자연의 단위**, 생물학의 단위 또는 유전학의 단위로 존재하지 않기 때문에 "인종은 존재하지 않는다"라는 말을 경계해야 한다. 우리가 인정하는 유일한 실체가 자연이라면 정치적 또는 경제적 불평등은 어떻게 할 것인가? 이런 것들은 자연이 아니라 역사와 사회에 실제로 존재하는 것들이다. 그렇다면 이런 것들이 갑자기 사라지는가? 자연에 존재하지 않는 것은 존재하지 않는 것이라고 생각한다면, 빈곤은 해결해야만 하는 문제가 아니라 무시해야 할 유령이 된다. 그리고 그것은 물론 급진적인 정치적 발언이자 매우 현실적인 발언이다.

우리는 유일한 실체는 자연이라는 생각을 잘 뜯어봐야 한다. 그리고 그 과정은 "과학"을 분석하면서 시작된다. 과학자들은 과학을 수행하도록 교육을 받았고, 철학자들은 과학이 무엇인지 설명하도록 훈련을 받았다. 그리고 인류학자들은 과학을 다양한 종류의 인간의 사회적 행동과 사고 체계에 연관시키도록 교육을 받았다.

큰 개념에 대한 정의에 동의하는 것은 매우 어렵다. 그래서 할 수 있는 최선은 용어를 사용할 때 어떤 의미인지 그냥 말하는 것이다. 내가 "과학"이라는 단어를 사용할 때, 그 의미는 **현대 세계에서 권위 있는 지식을 생산하는 것**이다. 나는 "생산"이라는 말 안에 내재된 능동성을 "발견"이라는 용어에 내재된 수동성과 대조시키고 싶었다. 사물은 적절하게 준비된 관찰자에게 모습을 드러난다는 의미에서 "발견"은 수동적이다. "권위 있는"이라는 말은 심령술, 본문해석학$^{textual\ hermeneutics}$과 같이 설득력이 덜한 다른 지식과 대비시키는 의미에서 썼다. "지식"이라는 말은 감정이나 직관과 대비시키려 했다. 또 "현대 세계"라는 말은 다른 시대와 장소에서 존재해왔고, 우주가 어떻게 작동하고 어떻게 그것을 연구할 것인지에 대한 다른 기본적 가정을 하는 지식 생산의 형태와 대비시키려는 의도로 썼다. 의미가 분명해졌기를 바란다.

과학적인 사고는 일반적으로 17세기 유럽에서 생성된 몇 개의 가정이 중심을 이루고 있다. 그중 가장 중요한 것은 다음과 같다. (1) 자연주의. 초자연적인 세계와 구별되는 지각 가능한 세계가 있으며, (접촉점이 있다고 해도) 초자연적인 세계는 자연적인 세계와는 분리해서 연구될 수 있다. (2) 경험주의. 자연의 구성물들은 분리될 수 있으며, 조건을 통제하면 그 상태 그대로 축소해서 연구할 수 있으며, 일반화할 수 있는 결과를 만들어낼 수 있다. (3) 합리주의. 이성은 정확한 지식에 도달하는 가장 확실한 길이다. (4) 정확성. 이는 유일하고 가장 바람직한 과학적 활동의 자질이자 목표다.

인류학적으로 이 모든 가정은 매우 특이한 것이다.(Marks, 2009) 먼저 자연과 초자연이 구별되는 영역이라는 가정부터 보자. 고전시대와 중세 시대 철학의 중요한 줄기는 하늘과 땅이 다르게 만들어졌다는 주장이다. 하늘에서의 운동은 원 모양이고 영원한 반면, 땅에서의 운동은 직선 모양이고 일시적이다. 땅은 타락하고 썩어가지만, 하늘은 아름답고 영원하다. 하지만 17세기의 지적인 전개는 갈릴레오 갈릴레이$^{Galileo\ Galilei}$, 바뤼흐 스피노자$^{Baruch\ Spinoza}$, 르네 데카르트$^{René\ Descartes}$의 연구가 이끌어왔다. 갈릴레오는 "하늘이 어떻게 움직이는지"가 "어떻게 천국에 가는지"와는 매우 다른 문제라고 가르쳤다. 데카르트는 신이 사물을 만든 이유에는 과학이 접근할 수 없으며, 따라서 우리는 물질과 운동, 그리고 그것들을 지배하는 법칙에만 집중해야 한다고 가르쳤다. 스피노자는 땅에서의 기적은 잘못 관찰되고 잘못 이해되거나 잘못 전해진 사건에 불과하다고 주장했다. 하늘, 즉 우주 공간은 영혼과 기적의 영역인 천국으로부터 분리돼 과학이 아닌 신학의 영역이 될 것이었다. 17세기가 끝날 무렵, 아이작 뉴턴$^{Isaac\ Newton}$은 법칙 자체가 하늘과 땅의 차이를 초월한다는 것을 보여줬다. 사물은 땅에서처럼 하늘에서도 똑같이 움직였다. 질량을 가진 물체는 서로 간의 거리의 제곱에 반비례해서 서로를 끌어당긴다. 그리고 물체들이 어디에 있는지는 중요하지 않다. 물론, 그렇게 되는 이유에 대해서는 뉴턴도 공개적으로 생각해보기를 거부했다는 것은 널리 알려져 있다.

뉴턴의 중력 이론에는 조금 마술적인 무엇인가가 실제로 있다(결국 사물 사이에 작용하는 보이지 않는 힘이었다). 그리고 우리는 이제 그가 성경 해석학과 연금술에 폭넓은 관심이 있었다는 것을 알고 있다. 하지만 몇 년이 안 돼서, 사람들은 그의 연구가 지각 가능한 우주가 법칙과 수학적 규칙성에 지배된다는 것을 보여주었음을 이해했다. 하지만 이러한 우주에 제약이 있다는 생각은 그 자체로 매우 이상한 것이다. 애틀랜틱시티나 라스베이거스의 카지노에서 승률은 하우스가 높고, 개인은 큰 승자가 될 수 없다. 하지만 그래도 희망을 가지거나 최소한 이기려고 하면서 재미를 느낀다. 벌칸족은 희망을 가지지도 않고 재미도 모르지만, 인간은 그렇다. 매일 저녁, 상당수의 과학 전공 대학원생들은 실험이 잘되길 바라면서 잠자리에 든다. 우리는 아프면 약을 먹고 우리를 위한 기도를 받아들인다. 마법, 미신 그리고 기도가 재능, 훈련, 통계와 공존하는 스포츠 세계를 언급할 필요가 있을까?

자연적 세계에 대한 해석을 초자연적이거나 종교적인 영역에 대한 해석에 곁들이는 것이 원시적인 사고의 특징은 아니다. 그것은 인간적인 사고의 특징이다.

실험에 부여된 가치 또한 이상한 것이다. 모든 사람들은 규칙에 따라 데이터를 수집하고 해석하는 것을 즐긴다. 이는 찻잎, 닭 내장, 선충 배아에도 적용되는 규칙이다. 17세기에 매우 이상한 것은 활동, 관찰, 보고의 표준화였다. 표준화는 누군가가 어딘가에서 똑같은 과정을 따르면 똑같은 결과를 얻게 해주는 과정이다. 이 과정은 현재의 문제에 집중해 관련 없는 변수들이나 실험자, 즉 주체가 결과에 영향을 미치지 못하게 하는 것이기도 하다. 관련 없는 변수들은 실험 제어 방법이 발전함에 따라 버려진다. 그리고 실험자의 편견은 표준화된 절차와 방법*이 발전함에 따라 버려진다. 정밀한 측정을 위한 적절한 기술이 없으면 생각도 못할 일이기도 하고, 지식의 중요한 사회적 측면을 보여주기도 한다. 이런 지식은 내부적인 속성을 지닌 폭로와는 다르며, 같은 경험을 한 누군가와만 진정으로 공유될 수 있다. 더 정확히 말하면, 이런 지식은 복제될 수 있도록 전해져야 하고, 모든 사람이 접근할 수 있어야 한다. 그건 마치 장

---

* 분석에서 실험자를 빼야 한다는 목소리가 너무 강해 젊은 과학자들은 수동태로 서술하라는 지침을 받는 경우가 많다. "나는 온도를 올렸다"를 "온도가 올려졌다"로 쓰는 식이다. 실험자의 존재가 중요하지 않아서 쉽게 무시할 수 있는 것처럼 보이게 하는 수사학적 장치다.

인에서 도제로 전해지는 길드의 지식 같은 것이다. 또한 중세 연금술사의 실험실에서 바로 빼올 수 있는 지식 같은 것이다.

목표는 객관성이다. 이 용어는 공평함, 합리성 그리고 진실을 떠올리게 한다. 이는 곧 관점의 부재, 결과에 영향을 받지 않음, 열린 마음, 공정하고 균형 잡힌 보고를 의미한다. 물론 저널리스트, 판사, 심판, 고용주 그리고 과학자, 이들 모두가 객관적이길 바란다. 1600년대 프랜시스 베이컨Francis Bacon은 막 태어난 과학이 마치 성상 파괴처럼, 사고의 속성, 개인적 선입견, 언어, 강압적인 제도에서 비롯한 편견이라는 우상을 박살내고 있다고 생각했다. 다른 한편으로는 삶과 교육이 편견을 만들어낸다. 반박의 여지는 있겠지만, 선입견이 없는 마음은 아기, 백치, 기계만 가지고 있을 것이다. 1장에서 살펴본 것처럼, 우리는 우리의 과학자들이 민감하고 동정심이 많아지기를 바라지, 국가를 위해서 일하는 로봇 같은 살인 기계가 되기를 원하지 않는다.

과학적 사고의 세 번째 이상한 속성은 합리주의rationalism다. 이는 논리와 이성을 사용하는 것인데, 18세기 계몽시대 학자들이 선호했다. 논리와 이성을 폄훼하자는 것이 아니다. 그건 좋다. 하지만 현재 활동하고 있는 과학자라면 영감, 직관, 그리고 집착 또한 중요한 역할을 한다고 말할 것이다. 불행하게도, 그것들은 근본적으로 예측 불가능하고 비이성적이기 때문에 그 중요성을 과학적이고 정량적으로 측정하는 것은 어렵다. 게다가, 무엇이 합리적인지에 대한 자신만의 생각을 우주에 주입하는 것도 매우 쉽다. 예를 들어, 미국인들은 미학보다 효율성을 더 중시하는 것으로 유명하다. 그래서 그 생각을 지능 검사에 주입하기도 했다. A에서 B로 가는 최선의 길은 아름다운 길이 아니라 짧은 길이라는 대답에 점수를 주는 식이다. 효율성은 합리적인 것이다. 꽃을 감탄하며 바라보지 않는다. 다윈과 헉슬리는 자연에 불연속성이나 갑작스러운 도약이 있는지를 두고 의견이 갈렸다. 이 문제는 아직도 생물학자들을 갈라놓고 있다. 느리고 점진적인 변화가 극심한 격변보다 확실히 더 합리적이다. 그렇지 않은가?

자연, 특히 인간 본성이 얼마나 법과 비슷한지는, 그렇게 보이도록 만들고 싶은 마음이 우리에게 있다고 해도, 실제로 매우 불분명하다. 경제학자들은 인간의 행동이 개인의 이익을 극대화하는 데 맞춰져 있다는 모델을 제시해왔다. 매우 합리적인 목표이나, 이는 현대 경제라는 역사적 거품이 생기기 전 경제 거래의 대부분에서 명성, 선의, 상호 간의 의무가 이익 측정의 잣대였다는 사실을 잘 알지 못하고 설정한 목표다. 자신의 이익을 극대화하는 것은 사실 경제적 교환 행위에 접근하는 데 아주 이상한 방법이다.(Graeber, 2011) 우리는 언어가 진화한 것이 유용한 정보를 쉽게 전달하기 위해서였다고 추정하고 싶어 한다. 하지만 언어는 쓸모 없는 정보도 쉽게 전달할 수 있게 만들었다. 전자보다는 후자의 경우가 훨씬 더 많을 것이다. 하지만 희망적이거나 가능한 세계에 대해 소통하는 데 언어의 가치를 배제할 수는 없다. 그런 세계는 합리적이지 않다고 하더라도 근본적으로 동기를 부여해준다.

그리고 마지막으로, 정확성이라는 대단히 중요한 목표 또한 이상한 것이다. 정확성은 많은 맥락에서 바람직하지 않다. 사실 그것은 예의바름(진실에 대해 사회적으로 용인되는 무시)을 적절하게 묘사한 것일 수도 있다. 사회적으로 서투른 과학자의 이미지가 정형화의 예로 잘 알려진 것은 아마도 이런 이유 때문일 것이다.

그렇다면 이제 중요한 점은 과학이 더 나은 사고방식이 아니라는 것이다. 과학은 특정한 맥락에서만 유용한 특이한 사고방식이다. 과학은 달에 가고 암을 조기에 발견하는 데 유용하다는 것이 증명됐다. 그렇지만 사회적 부당함과 전쟁을 줄이는 데는 유용하지 않았다. 대부분의 사람들—과학자들이라도—은 대부분의 시간 동안, 사물에 대해 과학적으로 생각하지 않는다. 그들은 예의 바르고, 희망적이고, 복수심이 있고, 상상력이 풍부하며, 창의적이고, 취해 있고, 경의에 차 있으며, 거식증이 있고, 이상주의적이고, 동정심이 있으며, 황홀해 하거나 재미를 느끼고 있다. 다른 모든 사람들처럼 비합리적이고 비과학적이다.

과학자들도 다른 사람들처럼 생각하고, 똑같은 열망, 불안, 실망에 사로잡혀 있다. 그리고 과학은 객관성을 추구하지만, 생물정치학적 영역에서 바랄 수 있는 최선은 자신의 편견을 최대한 투명하고 선하게 만들면서 전임자들의 편견들을 마주보고 뛰어넘는 것이다. 하지만 누가 그들이 선입견과 편견이 전혀 없다고 말한다면, 그때는 지갑을 잘 챙겨야 한다. 사기를 당할지도 모른다.

과학에 대해 크게 잘못 알려진 사실은 과학이 윤리와는 무관하며, 선과 악의 문제에서 떨어져 있고, 실제로 적용될 때만 선하거나 악해진다는 것이다. 그 결과, 과학은 초기부터 사람들의 의심의 대상이 되어왔다. 크리스토퍼 말로 Christopher Marlowe의 작중 인물 파우스투스 박사(1600년경)는 새로운 지식을 찾는 사람의 모델이었다. 그는 그러면서도 탐욕, 권력, 오만, 욕정 같은 인간의 천한 악덕에도 굴복하는 모습을 보인다. 그는 지식을 위한 지식을 추구하지만 마음 깊숙한 곳에서는 트로이의 헬레네와의 진한 키스를 꿈꾸고 있다. 물론 그렇지. 누구라서 안 그럴까? 하지만 오래된 경구인 "아는 것이 힘이다"라는 맥락에서 보면, 아마도 그는 높은 도덕성을 가진 누군가의 손 안에서 많은 권력을 쥐고 있는 상태가 가장 편했을 것이다. 문제는 권력이 없는 누군가만큼 도덕적으로 잘못을 하기 쉬운 누군가의 손에 지식과 권력이 함께 주어지는 상상을 하는 것이다. 도덕적으로 약하면서 큰 권력을 쥐고 있는 사람은 훨씬 더 위험하다.

똑같은 불안감이 두 세기가 지난 뒤 표출됐다. 메리 울스턴크래프트 셸리Mary Wollstonecraft Shelley의 작중 인물로 비밀스러운 삶에 관심이 있는 빅터 프랑켄슈타인 박사를 통해서였다. 프랑켄슈타인 박사는 인생의 지식을 추구했지만 그 지식을 안전하고 선하게 쓸 수 있는 지혜가 없었다. 그리고 결국에는 그 지식을 사용한 것을 후회하게 된다. 거의 두 세기가 더 지나서 나온 마이클 크라이턴Michael Crichton의 작중 인물 존 해먼드는 아마도 훨씬 더 교활한 인물이다. 프랑켄슈타인 박사와 같은 정체성에 수상한 도덕심을 가진 기업가였기 때문이다. 그는 "쥐라기 공원"을 위해 공룡을 복제하겠다는 목표를 이루는 데 도움이 될 과학과 과학자를 돈으로 사버릴 수 있었다.

과학자가 우리의 도덕적인 사회의 일부분일 수 있을까 하는 불안은, 과학자는 자연을 연구하지 도덕철학이나 시민학을 연구하지 않는다는 점을 감안하면 타당하다. 도덕성이 선과 악에 대한 지식, 선한 행위에 대한 권고로 구성되어 있으며, 과학자 교육 과정의 일부가 아닐뿐더러 과학자들이 연구하는 분야에서도 드러나지 않는다면, 과학자들은 어떻게 도덕적인 존재가 될 수 있을까? 탁월한 지식을 가진 사람들이 최소한 도덕성에 대해 친근한 느낌을 갖기를 바라서는 안 되는 것일까? 어쨌든 우리는, 누가 과학자들에게 자금을 대든, 대량살상무기를 만들기 위해 그들을 훈련시키는 것은 결코 원하지 않는다, 그렇지 않은가?

20세기에 얻은 중요한 교훈은 과학이 다양한 이익에, 특히 국가적·경제적 이익에 봉사한다는 것이다. 과학적 지식은 정치와 무관하거나 객관적 입장을 유지하기는커녕 이해 충돌의 범위와 상관없이 늘어났다. 국가주의는 가장 눈에 띄는 예다. 제1차 세계대전 기간 동안 개발된 독가스는 독일 과학계를 분열시켰지만 독가스를 만든 프리츠 하버Fritz Haber는 국민적 영웅이 됐다. 미국은 나치의 로켓 과학자였던 베르너 폰 브라운^{Wernher von Braun}을 전후 자국의 우주 계획을 지휘한 국민적 영웅으로 다시 떠오르게 만들었다. 그는 나치 친위대 장교로 근무했으며 제2차 세계대전 때는 V-2로켓을 개발했다. 정치 풍자가인 톰 레러^{Tom Lehrer}는 도덕적 문제를 제기했다.

> "로켓이 일단 올라가면, 어디로 떨어지는지 누가 신경 쓸까?
> 그건 우리 책임이 아닌데." 베르너 폰 브라운이 말하네.
> 어떤 사람들은 이 유명한 사람한테 거친 말을 하지.
> 하지만 우리 태도가 감사하는 태도여야 한다고 생각해.
> 베르너 폰 브라운 덕분에 연금을 많이 받는
> 런던 구시가의 과부와 불구자 들처럼.

요즘 우리는 과학이 국가주의의 시녀라는 생각에 눈 하나 깜빡하지 않는다. 국가가 과학에 자금을 대면 과학이 국가를 해치지 않고 도울 것이라는 것은 납득할 만한 얘기다. 국가는 군사적 목적으로 물리학과 화학에 돈을 대고, 고고학은 국가의 기원에 대한 스토리를 만들어내는 데 이용되곤 한다. 과학이 정치와 무관하다는 생각은 과학에 대한 역사적·사회적 연구를 하면서부터 무너지기 시작했다. 그리고 일단 과학이 정치적이라는 것을 깨닫게 되면 도덕성의 문제가 특히 연관성을 얻게 된다. 크리스토퍼 말로와 메리 셸리 둘 다 인간으로서의 과학자에 초점을 맞췄다. 그들은 위대한 지식을 추구해서 얻었지만 다른 사람들과 똑같은 도덕적 약점을 지니고 있는 과학자다.

마이클 크라이튼은 옛날과는 달리 과학이 직업이 되는 현대를 위해 또 다른 도덕적 문제를 제기했다. 오늘날, 과학이 가져다주는 지식과 권력은 대중의 이익, 최소한 국가의 이익을 위한 것이 아니다. 지식과 권력은 개인의 이익을 위해 상품처럼 팔린다. 「쥐라기 공원」에 관한 과학적 논의의 대부분이 DNA 기술에 관한 것인 데 비해, 과학과 과학자들을 돈으로 산다는 기본 전제에 대해서는 의문을 제기하지 않고 그냥 지나가는 경우가 많다. 우리는 늘 그 사실을 어느 정도는 알고 있었다. 어쨌든, 스펙터의 슈퍼 악당은 얼마든지 과학자들을 돈으로 살 수 있다(그러고 나면 제임스 본드가 등장해 악당들의 계획을 좌절시킨다). 새로운 것은 화학자, 물리학자, 공학자에 이어 생물학과 유전학이 징집돼 신자유주의 경제로 투입된다는 것이다. 어찌된 일인지 생명과학이 팔리는 과정에는 좀 더 이상한 무언가가 있다.

가장 넓은 범위의 인류학적 일반화 중 하나는, 선과 악의 기준이 시간과 장소에 따라 달라질 수는 있지만, 자신이 도덕의 영역 밖에 있다고 믿는 사람은 모두 행동이 예측 불가능하고 신뢰할 수 없기 때문에 반드시 의심해봐야 한다는 것이다. 이제 우리는 과학이 문화적·정치적 이익과 떨어져 혼자 서 있는 것이 아니라는 것을 알지만, 그럼에도 불구하고 과학이 홀로 서 있다는 허구에 대한 믿음을 계속해서 유지시키는 것은 정치적인 가치가 있다.

어리석음 같은 바람직하지 못한 사회적 특징을 생각해보자. 한 세기쯤 전, 완두콩의 특성은 안정적으로 유전되는 두 가지 씩의 형태(녹색/황색, 주름진/둥근, 길고/짧고)로 나타난다는 것을 보여주는 연구에 의해 유전 연구가 변형되고 있었다는 것도 생각해보자. 그렇다면 인간도 어리석음과 똑똑함이라는 짝을 이룬 두 개의 대립되는 특징으로 나타낼 수 있다고 상상하는 것도 그럴듯해 보일 수 있다. 그래서 미국의 1세대 유전학자들은 "정신박약"에 해당하는 대립형질의 유전과 확산을 연구하게 됐다. 그 결과 미국인 수천 명이 이 가상의 유전자를 갖고 있다는 이유로 원하지 않는 단종 수술을 받게 됐다.

동성애에 대해서도 마찬가지다. 안정적으로 대물림되는 한 개의 유전적 요인의 지배를 받는 이분법적 상태 그리고 수정에 의해 누군가의 성적 성향이 결정된다고 상상한다면, 비슷한 일이 벌어질 수도 있다. 이런 경우, 나치가 그랬듯이, 원하지 않는 조건을 제거하기 위해 그 조건을 가진 사람들을 제거하게 된다. 제2차 세계대전이 끝난 후, 상상에만 존재하는 이분법 유전학을 거부하는 것이 과학계의 유행이 됐지만, 이성애의 반대는 동성애라는 이분법적 사고는 여전히 유지되고 있었다. 동성애가 후천적으로 발병되는 것이나 배워지는 것으로 생각된다면 그 사람들을 제거한다고 해서 동성애가 없어지지는 않는다. 언제든지 그렇게 될 수 있기 때문이다. 따라서 동성애에 더 큰 관용을 베풀어야 한다는 주장이 제기됐다. "학습 행동"learned behavior 주장은 그러나 양날의 칼이었다. 아이들이 동성애를 "배우게 되는" 어두운 면이 부상한 것이다. 1990년대는 "동성애를 배울 수는 없다. 선천적인 것이니까"라는 분위기로 기울고 있었다. 쌍둥이 데이터, 뇌 데이터, DNA 데이터를 안일하게 해석한 결과였다. 우리는 인간의 성적 취향의 인과관계를 잘 이해하지 못하고 있고, 그 관계가 이성애 대 동성애, 유전 대 학습보다는 더 복잡한 것이라고 알고 있기는 하다. 정확한 답을 선택하는 것은 간단한 양극단의 두 답 중 어떤 것을 선택하는 것보다 정치적으로 유용하지 않다.(Lancaster, 2003) 1993년의 유명한(틀렸지만) "동성애 유전자"—X 염색체 q28 위치에 있다—는 동성애자 사회의 환영을 받았다. 성적 취향이 타고난 것이며 자연적인 것이라는 근거로 받아들여졌기 때문이다. 이 경우에 성은 인종처럼 생물정치학적이다.

그러나 새 천년에는 유전학이 정치적인 태도에 대한 과학적인 권위 이상의 위치를 확보하게 됐다. 유전학은 또한 과학계의 현금 창출원이 되기도 했다. 실제로, 한 세대 전의 유전학과 현재의 유전체학의 차이점은 유전체학의 중심인 DNA가 상품화되어 팔릴 수 있다는 데 있다. 개인의 가계에 대한 스토리를 구성하든, 범죄자를 범행 현장에 묶어놓든, 질병의 소인을 알아내기 위한 검사를 하든, 아이가 육상 선수로 클 수 있는지 알아보려 하든 유전 정보는 팔릴 만한 상품이었다. 이는 과학 기사와 생명공학 해설식 광고^{infomercial} 사이의 선이 예전에 비해 훨씬 불분명해졌다는 것을 의미한다.

생명공학은 수십 년간 존재해왔다. 하지만 현대적 의미의 생물학과 비즈니스는 1998년 노벨상 수상자이자 인간게놈프로젝트의 수장이었던 제임스 왓슨이 그의 친구가 수행한 어떤 암 연구를 「뉴욕타임스」 기자에게 과장되게 칭찬한 저녁 자리에서 시작됐다고 할 수 있다. 그 연구가 몇 년 안에 암을 완치할 수 있을 것이라는 왓슨의 예측은 머리기사로 다뤄졌고, 그 친구가 시험하고 있는 약을 제조하는 회사의 주가는 가파르게 올랐다. 그 연구는 물론 암을 완치하지 못했다. 하지만 희망을 주는 연구에 대한 우호적인 홍보로 얼마나 쉽게 돈을 벌 수 있는지를 보여줬다. (Marshall, 1998) 하지만 대부분의 희망찬 연구는 성공하지 못하기 때문에 그것은 공상과학 소설과 과학 사이의 구분을 살짝 지워버리고 공상과학 소설에 투자하는 것을 부추기는 일이 된다.

이 이야기는 과학적 주장의 진리값에 상관없이 유전체학과 신자유주의적 자본주의가 한 침대를 쓸 수 있음을 보여준다. 요즘, 유전체 정보의 많은 부분은 기업의 자료에서 나온다. 기업은 지식의 목표가 이익이라는 목표와 함께하는 곳이다. 따라서 유전학적 주장을 평가할 때 먼저 물어야 하는 것은 "누가 이득을 보는가"이다. 예를 들어, "비만은 유전이다"라는 말이 패스트푸드 산업에 이득을 준다는 주장은, 비만은 유전이니 햄버거를 하나 더 먹어도 된다는 메시지로 연결된다. 또 이 말이 다이어트와 피트니스 산업에 해를 끼친다는 주장은 비만은 유전인데 왜 다이어트를 하겠냐는 심리와 연결된다. 다시 말하지만, 복잡한 진실은 양쪽 어디에도 관심이 없다.

21세기 유전체 과학의 출현에서 예상치 못했던 측면은 혈통의 상업화다. 그것은 인종뿐 아니라 모든 종류의 고대와 현대의 존재들을 구체화하면서 돈을 벌었다. 여기서의 문제는 산상수훈 때 예수가 설명한 이익의 충돌에 비유할 수 있을 것이다. 예수는 신과 돈을 동시에 섬길 수는 없다고 말했다. 그것은 주인을 두 명 모시는 것으로, 성스러움을 바라는 사람들에게는 분명한 이익의 충돌이라는 것이었다. 하지만 유전체학과 돈은 둘 다 섬길 수 있을까? 진정한 지식을 얻기 바란다면, 지식이 테이블 위의 돈 가방 때문에 부패하지 않도록 할 수 있을까?

아마도 같은 이유로 아닐 것이다. 과학이 진실과 타협할 때 과학의 문화적인 권위는 빠르게 부식될 것이다.

'재미로 보는 유전체 혈통 검사'로 알려진 새로운 분야가 있다. 유전체 데이터, 즉 과학을 파는 것이다. 데이터를 조작한다는 의미도 포함하고 있다. 세 종류의 검사가 있는데, 하나의 DNA 샘플(보통 자신의 DNA)을 데이터베이스에 매칭시키는 것을 기반으로 하고 있다. 첫째는 어머니로부터 물려받는 DNA인 미토콘드리아 DNA(mtDNA)다. 둘째는 남자들이 아버지로부터 물려받는 DNA인 Y-DNA, 그리고 셋째는 부모 양쪽으로부터 물려받은 고유한 혼합 DNA인 상염색체 DNA다. 각각의 검사는 각각 다른 정보를 제공한다. 예를 들어, 미토콘드리아 DNA는 모든 세대에서 오직 한 명의 조상(어머니의 어머니의 어머니⋯⋯)으로부터만 유전되는데, 열여섯 명의 조부모 중 열다섯 명은 이 검사에 나타나지 않는다. 같은 이유로 128명의 조부모 중 127명은 나타나지 않는다. 이 정도가 되면 그건 진짜 혈통이 아니다. 혈통의 아주 작은 부분을 나타내는 일종의 표지다. 그리고 더 거슬러 올라갈수록 실제 혈통이 차지하는 부분이 더 적어진다. 몇 세기만 거슬러 올라가도 당신의 미토콘드리아 조상은 거의 흔적도 없을 것이고, 중요성은 겨우 유전자 동종요법 정도가 될 것이다.

하지만 상염색체 DNA는 우리가 "당신의 게놈"이라고 말하는 그것이다. 이는 128명 조상의 조상의 조상의 조상의 DNA가 한데 뒤섞인 꼴이다. 이 정도면 꽤 큰 숫자지만 겨우 일곱 세대 전이다. 신뢰도가 오르락내리락 하겠지만, 이쯤이면 DNA를 보고 뭔가 당사자에게 말할 게 있을 것이다. 트릭은 어떤 것들이 더 믿을 만한지 알아내는 데 있다. 검사 회사들은 당신이 모세의 Y염색체를 가졌다고 말할 수도 있을 것이다. 물론 그 말이 맞을 수도 있다. 「구약성서」의 「탈출기」 내용이 어느 정도 사실이고, 실제로 모세라는 입법자가 있었다면, 그에게는 사제의 혈통을 연 아론이라는 형이 있었을 것이다. 그리고 현재 사제를 하고 있다고 주장하는 유태인들에게서 가장 많이 발견되는 Y염색체가 사제직과 함께 수천 년간 아버지에서 아들로 충실하게 내려온 아론의 Y염색체에서 유래한 것이라면, 당신은 모세의 염색체를 가졌을 수도 있다.

다시 말하지만, 단지 사실일 가능성이 있다는 것은 공상과학 소설이다. 거의 사실일 확률이 높은 것이 과학이다. 여기서 중요한 교훈은 이렇다. 기술은 한 세트의 데이터를 놓고 이야기를 할 수 있는 능력을 만들어 내왔다. 많은 이야기가 있지만 사실 팔 수 있는 것은 특정한 하나의 이야기다. 그건 당신과 당신의 조상에 관한 이야기이다. (Lee et al., 2009) 그것은 데이터에 들어맞는 이야기다. 그래서 사실일 수도 있다. 사실이 아니더라도 아무도 다치지 않는다. 그리고 사람들은 그 이야기에 돈을 지불할 것이다. 어떤 이야기들은 당신을 유명한 조상에 연결시키거나 미국 흑인들을 조상으로 추정되는 아프리카 부족과 연결시키는 내용을 포함하고 있다. (Nelson, 2016) 어떤 이야기들은 유럽인들을 홍적세에 살던 그들의 "미토콘드리아 부족"에 연결하기도 한다. 다른 이야기들은 당신의 혈통을 분해해 인종별 퍼센트로 표시해주기도 한다. 그리고 또 다른 이야기들은 종족 구성원 수가 정치와 관련돼 있어 다툼의 여지가 있는 종족 집단들의 경계를 조정해주겠다고 약속하기도 한다.(Nash, 2008; Abu el-Haj, 2012; TallBear, 2013)

이런 작업들에서 중요한 것은 정확성이 아니라 시장성이다. 그래서 종종 학계의 유전학들과 기업의 유전학자들이 대립하기도 한다. 한 저명한 유전학자는 기업가들이 자주 하는 이야기들이 "입맛에 맞는 데이터만 뽑아서" 만들어진 것들이라고 불만을 나타냈다.(Jobling, 2012) 또 어떤 유전학자는 일부 마케팅 스토리는 "유전학적 점성술"이라고 언급하기도 했다.(Thomas, 2013) 어떤 회사들은 DNA 염기서열 분석을 끝내고 나서 고객의 정보를 회사의 데이터베이스에 입력하기도 한다. 그들은 그 정보를 제약회사나 생물의학 회사에 판다. **당신은 그들의 데이터가 되기 위해 돈을 내는 것이다.**

DNA 염기서열을 비교해 범죄자의 신원을 확인하거나 유전질환의 원인을 밝혀내고 친자 확인을 하는 것은 과학적으로 가치가 있는 일이다. 하지만 DNA는 "나는 어디서 왔을까?"라는 더 일반적인 문제를 풀 때는 그렇게 좋지 않다. 최소한 거울에 비친 모습보다 더 낫진 않다.

논의를 위해서 당신이 조지 워싱턴 혹은 대략 열 세대 전에 살았던 그 정도로 존경 받는 다른 사람의 직계 후손이라고 주장한다고 가정해보자. 생물학적 질문은 "당신의 DNA 중 얼마만큼이 그 사람으로부터 물려받은 것인가?"이다. 그 질문은 열 세대 전까지 직계 조상이 몇 명이었는지 알면 대답할 수 있다. 한 세대 전에는 부모가 두 명이었을 것이고, 부모는 각각 두 명씩의 부모가 있었을 것이다. 그런 식으로 계속 가면 된다. 열 세대 전이면 2^{10}명의 조상, 1,000명이 넘는 직계 조상이 있는 것이다. 당신의 혈통이 완전히 근친교배에서 자유롭다고 가정했을 때 이 숫자는 최대치이지만, 조지 워싱턴으로부터 물려받았을 수도 있는 DNA는 당신의 전체 게놈에서 기껏해야 극소량에 불과하다. 또한, 그것도 조지 워싱턴의 게놈의 극소량에 불과하다. 따라서 당신이 실제로 물려받았을 수도 있는 양이 조지 워싱턴이 가진 최고의 DNA일 가능성은 매우 적다. 조지 워싱턴의 직계 후손이 되는 것은 생물학적으로는 아무 의미가 없다는 것이 분명하다. 의미는 가상의 영역에 존재한다. 훌륭한 조상을 뒀다는 것은 사회적, 정치적, 이데올로기적 자본일 뿐이다. 실제로 조상의 상징적인 힘은 혈통에서 멀수록 커진다. 생물학적 중요성은 0으로 수렴하기 때문이다.

『다빈치 코드』의 전제를 생각해보자. 예수의 후손들이 현재까지 살아남아 있을지도 모른다는 것이다. 하지만 성경적으로 말하자면, 얼마나 많은 다른 사람들도 후손이 될까? 한 세대를 25년이라고 하면, 예수는 80세대 전에 살았을 것이다. 그러면 서기 30년에는 예수를 포함해서 2^{80}명의 조상들이 있다는 뜻인데, 이 숫자는 약 1셉틸리언^{septillion} 정도 된다. 셉틸리언은 0이 24개 붙은 숫자다.

정말 이상한 계산이다. 누군가의 조상들 수가 그 조상들이 살던 시대의 총 인구보다 많다. 이 경우는 10의 여러 제곱 차이가 날 정도다. 이 역설은 "혈통 붕괴"로 알려져 있는데,* 동종요법 신봉자가 만병통치약을 믿는 것처럼, 사실상 무한한 유전자 희석에도 불구하고 상징적 의미를 계속해서 가지고 있으려는 혈통의 생물문화적 측면을 드러내고 있다.

물론 당신은 아주 작은 DNA 덩어리를 1세기에 살던 조상으로부터 받았을 수도 있다. 그것이 생물학적으로 혈통이라는 것이다. 즉 DNA의 전

---

* 1셉틸리언 명의 조상 중 한 명은 실제 가계에서 매우 자주 나타난다. 우리가 얼마나 동종교배의 결과물인지 보여준다.

달이다. 하지만 여기 의외의 얘기가 있다. 당신의 핏줄 속에 있는 먼 조상이 누구든 내 핏줄 속에도 그 조상이 거의 분명히 있을 것이다. 생각해보자. 1세기에 살았을 당신의 조상들은 1셉틸리언 명이 넘는다. 그때 살았던 수천만 명은 그 1셉틸리언의 극히 일부에 불과하다. 따라서 현재 살고 있는 사람들의 유전자풀의 일부에라도 영향을 미칠 수 있는 당시의 누구라도 나의 조상이 될 수도 있고 당신의 조상이 될 수도 있다. 우리의 혈통에 양적으로 변화가 있을 수는 있다. 어떤 한 조상이 당신의 혈통보다 나의 혈통에 더 여러 번 등장했을 수도 있다. 그렇다고 해도 수학적으로 변이의 질에 변화를 줄 가능성은 없다. 그럴 만큼 당시에 충분한 수의 사람들이 살고 있지도 않았고 사람들에게는 부모가 두 명뿐이기 때문이다. 우리는 모두 생물학적으로 친척이고, 근친 교배의 결과물이다. 더 위로 올라갈수록 생물학적 차이는 의미가 없어진다. 우리가 세대를 하나씩 올라갈 때마다 조상들의 수는 두 배가 되지만 사람 종의 개체수는 줄어들기 때문이다. 우리 한 명 한 명은 80세대 전에 각각 1셉틸리언 명씩의 조상이 있다. 하지만 실제로 그때 살았던 사람들의 수는 훨씬 더 적다.

이마저도 겨우 2,000년 전 얘기다. 인구학적 모델을 만드는 사람들은 현재 살고 있는 모든 사람이 동일한 조상 풀에서 비롯됐다는 것을 수학적으로 확신하려면 1만 년 전인 신석기 시대로만 돌아가도 된다는 것을 보여줬다. 그 말은, 1만 년 전에 지구에 살았던 사람들 중에서 그 어떤 사람을 고르더라도 지금 살아 있지 않은 모든 사람 또는 지금 살아 있는 모든 사람의 조상이 된다는 뜻이다.(Rohde et al., 2004)* 현대인에게 시간을 거슬러 올라간 혈통은 질적이 아니라 양적으로 다를 뿐이다.

......

* 신석기 시대의 인구는 현재의 기준으로는 많지 않지만, 두 명보다 많은 것은 확실하다. "젊은 지구 창조론자들"이 추정하는 우주의 나이와, 살아 있는 사람들의 공통 혈통을 알아내기 위한 과정에서 계산된 지구의 나이가 우연히도 일치한다.

따라서 생물학적 혈통에서 개인의 변이는 1만 년 전 정도가 되면 사실상 의미가 없다. 2만 년 전이라면 훨씬 더 그렇다. 이제 미토콘드리아 씨족 어머니의 중요성에 대해 이해할 때가 왔다. 미토콘드리아 씨족 어머니는 199파운드만 주면 oxfordancestors.com 같은 믿을 만한 유전학 족보 서비스에서 확인할 수 있다. 이 회사의 창업자인 브라이언 사이크스^{Bryan} Sykes 교수는 그의 책 『이브의 일곱 딸들』 *The Seven Daughters of Eve*에서, 유럽인의 미토콘드리아 DNA의 유사성 패턴을 컴퓨터로 분석하면 일곱 개의 주요 집단으로 분류할 수 했다고 말했다. 그는 각 집단에 신화에 나오는 이름과 정체성을 부여했다. 그럴듯해 보여서 돈을 지불하고 "당신이 어떤 씨족에 속하는지, 어떤 모계 조상의 후손인지 찾아낸다." 그 결과, 당신의 미토콘드리아 DNA는 "2만 5,000년 전에 생긴 크세니아 씨족"에 속한다는 것을 알게 된다.[*]

물론 지금 "크세니아 씨족"은 없다. 완전히 비유적인 존재다. 실제 씨족의 구성원은 서로 사회적 관계 안에 있다는 것을 인정하는 특정한 존재를 말한다. "크세니아 씨족"은 사이크스 말고는 다른 어떤 유전학자에 의해서도 분류된 적이 없다.^{**} 미토콘드리아 DNA는 어머니로부터 유전되기 때문에, 현대인들의 미토콘드리아 DNA의 유사성을 나무의 구조로 그리면 끝에서는 결국 시작이 된 한 사람의 염기서열만 남을 것이고, 그 사람은 분명히 여성이다. 돌연변이에 대한 지식이 있다면, 2만 5,000년 전 처음 시작인 된 사람의 미토콘드리아 DNA 염기서열을 계산할 수 있다. 여성이다. 크세니아라고 부르자. 당신은 그녀의 DNA를 물려받았고, 따라서 그녀의 후손이다.

---

* 모든 인용구의 출처는 oxfordancestors.com이다.
** 문화인류학자 폴 레인보우는 겉으로 자연적으로 보이는 데이터를 기초로 구성된 이 가상의 친족 관계를 "생명사회성"(bio-sociality)이라고 불렀다.

하지만 나도 그녀의 후손이다. "혈통 붕괴"pedigree collapse 때문에 그렇다. 2만 5,000년 전 크세니아가 당신의 조상이라면, 그녀는 수학적으로 보면 내 조상이기도 하다. 그녀가 당신에게 미토콘드리아 DNA를 물려주었다고 해도, 그녀가 내게 어떤 염색체 DNA를 물려주었는지 모른다. 그녀가 당신에게 물려준 미토콘드리아 DNA의 양보다 더 많은 양의 염색체 DNA를 내게 물려주었을지도 모른다.

"크세니아"가 내 조상이기도 하다는 것을 알게 되면, 설령 내 미토콘드리아 조상이 아닐지라도, 이것은 일종의 게임이라는 생각이 들 수도 있다. 전부 합법적이고, 속임수가 없으며, 윤리적으로 문제가 없다. 하지만 이건 비즈니스다. 비즈니스에는 제품, 마케팅, 영업이 중요하다. 이 게임은 첨단 DNA 염기 분석 기술인 과학에 있는 것이 아니라, 데이터의 의미를 조작하는 데 있다. 팔리는 것은 과학이나 자연의 법칙이 아니다. 다른 사람들, 그리고 신화적 역사와의 조작된 연결감이다.

결과적으로, 인구 유전자 데이터는 매우 쉽게 구체화되며, 이 구체화 과정에서 통계적 인구가 자연적 인구와 혼동되는 일이 벌어진다. 아프리카 중부의 피그미족 100명이나 나이지리아의 이보족 몇십 명, 미국 흑인들을 유전적으로 분석해 "아프리카인"에 대해 일반화하기는 엄청나게 어려운 일이 아니다. "하향식" 구체화라고 생각할 수도 있다. 반대로 호피족과 나바호족, 프랑스인과 독일인, 호사족과 줄루족처럼 임의의 두 개의 인구 집단이 유전적으로 분석되고 대조될 수도 있지만, 이들 간 차이점의 속성과 범위는 그 유전자풀들이 모두 아예 서로 다르다는 것을 말해주지 않는다. 호피족, 나바호족, 프랑스인, 독일인, 호사족, 줄루족은 그 어떤 의미에서도 "자연적" 범주가 아니다. "상향식" 구체화로 생각할 수도 있겠다.

선사시대 인간에 대해 연구 분야에서, 인구 집단들을 구체화하려는 욕

망은 유전체학이 그 혼란 안으로 투입된 것보다 훨씬 오래전부터 존재했다. 고생물학자 조지 게일로드 심프슨$^{George\ Gaylord\ Simpson}$은 일찍이 1945년, 포유강 전체를 조사하고 나서, 인간 분류의 생물정치학에 대해 한탄했다. "동물분류학자가 사람과를 아예 따로 분류하고, 그 명명법과 분류는 연구에서 제외하는 것이 더 좋았을 것이다."(p. 188)

네안데르탈인(종 이름 호모 네안데르탈렌시스, 아종 이름 호모 사피엔스 네안데르탈렌시스)의 분류학적 지위에 대한 모든 토론은 아프리카인, 아일랜드인, 유태인, 히스패닉, 사미족을 비롯한 다른 인간 그룹에 대한 사이비 분류학적 지위와 반드시 충돌한다. 드로소필라 멜라노가스터 *Drosophila melanogaster*(초파리)나 미크로투스 오크로가스터$^{Microtus\ ochrogaster}$(프레리들쥐)의 분류학적 위치에 대해 토론할 때는 그렇지 않다.

심프슨이 아무리 냉소적이었다고 해도 시베리아 데니소바 동굴에서 발견된 반인간인 데니소바인의 발견에는 준비가 돼 있지 않았을 것이다. 동굴에서 5만 년 된 손가락뼈가 발견됐고, DNA가 성공적으로 추출됐다. 미토콘드리아 DNA를 분석해본 결과, 인간과 네안데르탈인 모두와 달랐다. 핵 DNA를 보면 네안데르탈인 여성에서 갈라져 나온 것으로 추정이 가능했다. 유전학자들은 "데니소바인의" 진화와 이동을 나타내는 나무 구조와 지도를 그렸다. 손가락뼈의 주인이 누구든 손가락뼈를 분석한 결과는 이 고생 인류가 실제 게놈에서 가상의 인구 집단으로 숨 가쁜 속도로 옮겨가게 만들었다. 손가락뼈의 주인이 고아나 속해 있던 무리와 떨어졌다는 뜻이 아니다. 그 뼈 주인이 속해 있던 "종류"가 실제로 무엇인지, 누구인지, 심지어는 언제 어디서 존재했는지 모른다는 뜻이다. "인간"이라는 범주가 이 뼈 주인과 대조를 이루는지 혹은 포함하는지도 알 수가 없다.

하지만 데니소바인의 얼마만큼이 당신의 게놈에 있는지 관심이 있으면, 기꺼이 알려줄 회사들이 있다. 물론 돈은 내야 한다.

제4장　인 종 주 의 와

생 체 의 학

인종이 사람 종의 자연적인 구분 단위가 아니라면, 그렇다면 인종이란 무엇일까? 인종은 고정관념이다. 실제로 직접 알아보지 않고, 누군가에 대해 무엇인가를 알아내기 위해 사람들이 사용하는 많은 방법 중 하나다. 이 경우에 인종은, 사람들이 소수의 자연적인 집단들로 분류되기 때문에 사람들은 각각 그 집단들의 특성을 가진다는 것을 말해준다.

한 개인이 자신이 속해 있는 혈통이나 대륙 또는 민족의 특징들이 구현된 존재라는 생각은 본질주의essentialism의 오류다. 그리고 불평등한 정치적·경제적 위치와 권리라는 맥락에서, 우리는 이것을 도덕적으로 악이라고 인식한다. 그러나 인종이 전제로 삼는, 사람들은 소수의 자연적인 집단들로 구분된다는 오류는 분류학적 오류이며, 경험적인 거짓만큼 도덕적인 악은 아니다. 계몽주의 시대 이래 사물을 공식적으로 분류하는 것은 과학적인 실천이 돼왔다. 린네는 사람을 포함해서 모든 종을 대상으로 작업을 했다. 하지만 린네는 가축 몇 종과 사람에게만 종 밑에 아종을 할당했다. 그리고 2장에서 살펴본 것처럼, 린네는 각각의 사람 아종에게 색깔과 함께 성격, 법률 제도, 의복의 대체적 특징을 할당했다.

이 경우 이 고정관념은 당신이 누군가의 색깔을 안다면 옷에 대해서도 잘 예측할 수 있다고 말한다. 질문의 특성과 종의 자연적 구분 사이에는 일정 정도의 밀접한 연관성이 있기 때문이다. 지금 보면 린네는 사람 종을 그가 살던 시대의 의학적 지식의 맥락에서 해석했다. 당시는 몸이 혈액, 점액, 황담즙, 흑담즙의 균형으로 구성된다고 믿던 시대다. 린네는 당연히 유럽인, 아프리카인, 아메리카인, 아시아인 성격을 각각 다혈질(원기왕성한), 점액질(게으른), 담즙질(화를 잘 내는), 우울질(슬픈)로 책정했다.

이 고정관념은 우리가 "나는 누구인가?"라는 질문에 답하는 것을 도와주는 이야기들의 집합이다. 사람들은 일반적으로 이 질문에 관계를 들어 대답한다. 누군가의 딸, 누군가의 자매, 누군가의 이모, 누군가의 선생님, 누군가의 친구, 누군가의 파트너, 누군가의 종업원이 당신이다. 또한 자신을 다른 사람들과의 관계 안에 위치시킴으로써 자신이 누구인지 알게 된다. 그리고 나머지 것들은 자연의 산물도 아니다. 생물학을 무시하고 가장 근본적인 정체성 이야기는, 사람들을 친척과 친척이 아닌 사람들로 구분한다. 우리는 정도가 많든 적든 서로 연결돼 있기 때문이다. 우리는 자연 상태에서 아무것도 존재하지 않는 곳에 질적인 단절을 만들어내고, 지역 특유의 방법에 따라 친척과 친척이 아닌 사람에 대한 이 구분을 나눈다.

이것이 현대 인류학의 첫 번째 발견이었다. "친척 관계"처럼 겉으로 자연적으로 보이는 것이, 완벽하게 기능을 유지하면서도, 사실은 정기적으로 수정되고, 조작되고, 철저하게 반박될 수 있다는 것이다. 서로 다른 사람들은 친척에 대해서 서로 다르게 생각하고, 그 생각에 따라 삶을 구성하지만 다들 살아남는다. 그 과정에서 그들은 자신들이 어떻게 사람들과 맞춰서 살 것인지를 배우면서 자신이 누구인지 이해하게 된다. 물론 지역에 따라 다른 방법으로 그렇게 한다.

더 일반적으로는, 우리의 정체성 이야기는 존재하는 사람들(친척과 친척이 아닌 사람, 형제, 딸 그리고 다른 사람들 등)의 종류를 먼저 이해하고 이것이 바로 당신이라는 것을 알게 됨으로써 구성된다. 최소한 특정한 맥락에서는 이들이 존재하는 사람들이고 당신은 그 종류인 것이다. 린네에게 대륙은 다른 대륙 사람들과 구별되면서 그 안에서는 동질성을 지닌 사람들이 사는 곳이었다. 물론 상당한 양의 문화적 정보를 표면적으로 자연적인 아종 분류에 통합시킨 것이었다. 그리고 이것은 초파리에 관한 것과는 본질적으로 다른 지식이다. 노동당, 보수당, 공화당, 민주당, 독립당 중 지지하는 곳이 있는가? 동성애자, 이성애자, 양성애자? 맨체스터 유나이티드, 리버풀? 뉴욕 양키스, 보스턴 레드삭스? 21세 이하, 21세 이상? 가톨릭, 개신교, 유대교, 힌두교, 이슬람? 히스패닉계, 비 히스패닉계? 인도인, 비인도인? 대졸, 비대졸? 어느 지역 출신?

영국이나 미국인의 정체성을 확립하는 데 도움을 주는 위의 질문 중 어떤 것도 자연이나 생물학의 구분에 해당하지 않는다. 나이에 관한 질문도 정치적으로 이진법적이지, 생물학적 연속성에 관한 것이 아니다. 그리고 그나마 믿을 만한 생물학적 표지도 아니다. 21세에 어떤 사람은 사랑니가 날 것이고, 어떤 사람들은 그렇지 않을 것이다. 하지만 이가 나는 것으로 평가되는 성숙도에 상관없이 두 그룹 다 두 나라에서 법적으로 술을 마실 수 있다. 사람들이 의미 있는 범주들로 잘 분류되면 그 범주들이 자연의 단위라는 것을 암시한다고 생각하는 것은 문제가 있다. "나는 누구인가?"라는 질문은 비물질적, 비생물학적, 비자연적 세계에서 존재하는 것이다. 또 언제든 없어질 수 있는 상징적, 사회적, 관계적 세계에 속한 것이기도 하다. 하지만 이런 세계는 대부분 우리 조상들이 만들어놓은 것이라서 우리가 끼어들 자리가 없다.

우리 인간이 하는 다른 위대한 이야기 안에서 이런 현상을 볼 수 있다. "나는 어디서 왔는가?"라는 이야기다. 성경 시대에는 위의 두 질문이 서로 뒤얽혀 있는 경우가 많았다. 히브리인들은 자신들이 단지 히브리인이 아니라 노아와 아브라함 사이 어디쯤 살던 헤버라는 고대 조상의 후손이라고 생각했다. 그들은 이집트인도 단지 미즈라임이라고 불린 종족이 아니라 미즈라임이라는 이름의 어떤 사람의 후손이라고 여겼다. 그들에게는 정체성의 문제와 기원의 문제가 답이 같았다.

과학은, 우리는 어디서 왔는가라는 문제의 답을 유인원에서 이어져 내려오는 혈통을 중심으로 한 이야기에서 찾았다. 다시 한번, 우리의 단위는 자연의 단위가 아니라 이야기의 단위다. 이야기의 구성 요소들은 우리가 이미 다 알고 있다. 인간의 혈통은 고생물학과 생태학처럼 종으로 구성돼 있다. 1945년 조지 게일로드 심프슨은 포유류 진화에 대한 문헌을 검토하고 있었다. 그런데 인간에 관한 부분에 이르렀을 때 3장에서 본 것처럼 꽉 막히는 것을 느꼈다. 그는 왜 그렇게 느꼈는지도 알고 있었다. "이 혼란의 주요 이유는 영장류에 관한 연구 중 많은 부분이 분류학 분야의 경험이 없어 이 분야에 진입할 능력이 없지만, 다른 방면에서는 능력이 있을지도 모르는 학자들이 수행했다는 데 있다."(Simpson, 1945: 181)

심프슨은, 이 분야의 연구자 중 다수가 주로 진화 고생물학이 아니라 인간 해부학 분야를 공부한 사람들이라는 것을 인정한다고 해도, 다른 종류의 포유동물 종 전문가도 인간 진화에 대한 문헌을 자유롭게 해석할 수 있어야 한다고 기대하는 것이 합리적이라고 생각했다. 단위가 같기 때문이다. 하지만 그는 인간의 혈통에 있는 종들을 잘못 이해했다. 이 분류학적 존재들이 생물학의 분류군들과 같지 않았기 때문이다. 심프슨은 마치 벌칸족이 조상들을 생각하는 것처럼, 그의 조상들을 감정에 흔들리지 않고 합리적으로 연구하고자 했다. 하지만 벌칸족처럼 조상에 대해서 논리적으로 접근하려면, 사람들을 친척과 친척이 아닌 사람으로 구분해선 안 된다. 벌칸족은 인간은 모두 연결돼 있다는 사실을 합리적이고 논리적으로 알고 있기 때문이다. 그들은 열두 세대를 넘어서는 조상은 생각하지 않는다. 열두 세대 전이면 약 300년 전인데, 현재의 모든 개체에게 각각 4,096명의 조상이 있어야 하는 때다. 그리고 각각의 조상은 당신의 게놈 1퍼센트의 40분의 1보다 적은 부분에 기여했을 것이다. 따라서 그 조상들 누구도 유전적으로 중요한 의미를 가지지 않는다. 그러나 우리는 벌칸족이 아니다. 우리는 지구인이다. 우리는 친족과 혈통을 의미가 있지만 최대한 비합리적인 방식으로 대한다. 심지어는 과학계에서도 그렇다. **아무도** 그들의 혈통과 그들이 친척이라는 것을 완전히 합리적이고 객관적인 방법으로 개념화하지 않는다. 실제로, 이것은 인류학 최초의 주요 발견이었을 것이다.

우리의 조상에 대해 알고 싶은 것은 많다. 조상들이 우리에게 직접 말해줄 수는 없으니 말이다. 예를 들어, 우리는 네안데르탈인에 대해 얘기할 수 있지만 "인간"이라는 범주에 그들을 포함해야 하는지, 대조가 되어야 하는지 정녕 알 수가 없다. 이것은 혈통에 대한 권위 있는 이야기를 만들어내는 데 참여하는 것이다. 여기서 단위가 되는 종은 동물학자들에게 익숙한 종에 비교할 수 있는 것이 아니다. 여기서의 종은 생태학의 단위가 아니라 이야기의 단위이기 때문이다.*

종들이 서로 겹치지 않고, 우리 혈통에 동물학적 종이 없다는 것을 말

---

* (몇 개 안 되는 종으로) "뭉치기"와 (여러 개의 종으로) "쪼개기"라는 일반적인 분류학적 작업과는 다르다. 동물학적 종이 문제의 소지가 없고 객관적인 자연의 단위라는 뜻은 아니다. 실제로, 동물학적 종 분류에도 다양한 종류의 정치적, 경제적 요소가 섞여 들어갈 수 있다.(Kirksey, 2015) 내 주장은, 이런 "종"이 혈통 이야기의 단위가 아니며, 우리의 기원 이야기를 구성하는 "종"과는 다르며 비교할 수도 없다는 것이다.

하려는 것이 아니다. 문제는 그 어떤 동물학적인 단위도 우리에게는 적용이 안 됐다는 것이다. 따라서 우리는 똑같은 경험적 데이터베이스를 가지고 아주 다른 기원에 관한 이야기를 할 수 있다.(Landau, 1991) 게다가 민족주의적, 이데올로기적, 재정적, 자기 중심적 등 온갖 종류의 압력도 이러한 기원 이야기의 구성에 작용한다. 이것은 부분적으로만 경험적인 과제이고, 크게는 해석학적 과제다.

우리가 잘 아는 네안데르탈인, 잘 모르는 데니소바인, 최근에 발견된 호모 날레디 Homo naledi, 오래전에 발견된 호모 에렉투스 모두 우리의 기원 이야기를 이루는 요소이며, 기원 이야기 만들기를 위한 브리콜라주다.* 따라서 동물학적인 종으로서의 호모 날레디나 호모 네안데르탈렌시스에 대해서는 정답 또는 오답이 없다. 동물학적인 종의 범주는 그렇게 적용되지 않기 때문이다. 우리 혈통이 종에 의해 채워지는 과정에서 이 종들은, 당연히 있어야 한다고 가정되는 분류학적 구조를, 다양한 시대와 장소에서 발견되고, 서로 다른 별개의 혈통을 대표하고, 아직 복잡한 방식으로 연결되지는 않은 화석들의 집합에 적용하려는 시도의 대상이 된다. 그렇게 하는 데는 많은 방법이 있으며, 그 방법들은 과학 자체가 실천되는 조건들에 모두 민감하다. 실제로 다윈의 유명한 갈라지는 잔가지 비유는 여기서 부적절할 것이다. 인간의 선사시대는 모세혈관, 철도용 가대, 뿌리줄기, 삼각주와 더 비슷할 것이다.(Ackermann et al., 2016)

이것이 우리가 누구이고 어디서 왔는지 고심하는 과정에서 오래전부터 우리의 발목을 잡은 분류학적 오류다. 생물정치학적 지형에서 보면,

---

* 클로드 레비스트로스(1962)는 신화 작자가 공감을 불러일으키는 이야기를 만들어내려고 고민할 때 만지작거리면서 이용할 수 있는 요소들을 "브리콜라쥬"라는 용어로 지칭했다. 분자생물학자 프랑수아 자코브(1977)가 "진화는 엔지니어라기보다는 만지작거리는 사람에 가깝다"라고 한 말에서 따왔다.

그 오류는 익숙한 생물학적 분류인 것처럼 보이지만 실제로는 그렇지 않다. 인간 진화계통수에 대한 과학적 이야기는 항상 생물학적 규칙과는 무관한 사이비 분류군들로 가득 채워져왔다.

네안데르탈인과 데니소바인이 동물학적 종과 비슷하지 않다면, 무엇과 비슷한 걸까? 동물학적으로 이들은 아종일 수는 있다. 이는 린네가 실제로 자신에게 익숙하지 않은 종족들을 분류할 때 썼던 용어다. 다른 말로 하면, 멸종한 인간의 분류가 현존하는 인간의 분류로 파고 들어오는 것이다. 이 오류는, 분류학적 구조를 우리의 혈통에 적용하고 생물정치학적 범주들을 자연적 단위로 오인하는, 인종 개념의 중심에서 우리가 발견하는 오류와 같은 오류다.

인종에서 의미 있는 이야기는 "우리는 어디서 왔는가?"가 아니고 "우리는 누구인가?"이다. 하지만 문제는 동일하다. 동물학적인 인간의 단위를 생물문화적인 단위로 잘못 생각하는 것이다. 그리고 이 두 질문은, 답이 과학에서 오든 다른 어떤 설명적 이야기 시스템에서 오든, 항상 서로 얽혀 있다.

사람들의 집단에 우리가 부여하는 이름은 동물학자들이 잘 알고 있고 인정하는 자연의 범주를 정하지 못한다. 20세기 사회과학의 주요 발견 중하나는 인종(이름이 있는 집단인 상태)과 인간의 다양성(차이의 패턴이 되는 것)이 매우 다르다는 것이다. 인종은 분류의 과정이며 그 범주들은 인간의 변이보다 서로의 차이가 훨씬 더 크다. 인종은 구별적이며 동질적이다. 반면, 인간의 다양성은 그 두 가지 성질 외의 모든 성질을 가지고 있다. 인종은 사람 종의 구조에 대한 이야기의 집합체이다. 반면, 인간의 다양성은 그런 이야기들과는 잘 맞아떨어지지 않는다. 인종을 이해하는 방법은 인간 중심적이다. 인종은 역사와 정치의 산물이기 때문이며 경험되는 것이기 때문이다. 인간의 다양성을 이해하는 방법은 과학적이다. 인간의 다양성은 생물문화적, 자연주의적 과정의 산물이며 측정되고 분석될 수 있기 때문이다. 과학에는, 다른 것들의 상징적 표지를 제공한다는 점을 제외하면, 무슬림이나 어딘지 서아시아 사람으로 보이는 사람들에 대한 두려움을 보여주는 것이 없다. 현재의 무슬림 극단주의자들은, 한 세기 전 무정부주의자들과 매우 비슷하게, 대도시의 공공장소에서 폭탄을 터트리면서 공포와 테러를 일으킨다. 다만, 한 세기 전 미국은 정치적 이슈가 조금 달랐다. 용의자의 민족은 이탈리아, 종교는 가톨릭이었다. 빈곤으로 추락한 이민자들이 서유럽으로 몰려간 뒤 반 이민 정서의 물결이 몰려왔다. 한 세기 전 미국에서 있었던 일과 매우 비슷했다. 그리고 그때도 지금처럼 이민자들은 종교, 의복, 음식, 언어, 겉모습이 눈에 띄었지만, 진짜 문제는 그들의 절박함이었다. 시간, 장소, 문화를 초월한 공통된 주제다. 그들의 고국은 전쟁, 기근, 사회적 혼란에 시달리고 있을 수도 있지만, 근본적인 이유는 "그들의 생물학"도 "그들의 문화"도 아니었다. 문제는 관계적이고 지정학적인 것이었지, 특정 민족이나 집단이 타고나거나 가지게 된 것이 아니었다.

결국, 인종은 실제로 생물학적이지도, 문화적이지도 않다. "외국인 공포증"의 자연적 원인을 상상하는 순진한 과학자들이 있긴 하지만 이는 우리 게놈의 특징도 아니고, 나치나 KKK 같은 분명한 이념 집단이 있기는 하지만 한 집단의 특징도 아니다. 하지만 인종은 구성원이 아주 다양할 수 있는 인간 집단 사이의 관계에 존재한다. 인종이 흑인과 백인, 영국인과 아일랜드인, 오스트레일리아인과 원주민, 일본인과 한국인, 후투족과 투치족 사이의 역사적, 정치적, 경제적 관계에 내재돼 있다고 말하려는 것은 아니다. 인종을 "문화적인" 것이라고 얘기하는 것은 인종이 분석하려고 하는 현상("인종주의")을 구체화한다는 점에서 오해의 여지가 있다. 인종주의가 "문화적"이라는 생각에 담긴 의미는 "자연적"이라는 말을 대체할 개념이 없는 슬픈 상황이라는 것이다.

분류학적 오류는 유전학을 의학에 성공적으로 폭넓게 적용하는 데 주요 장벽이 돼왔다. 우리는 인종과 질병을, 건강과 인간 간 차이의 의미에 대한 현재의 생물정치학적 사고라는 제약에 갇혀 생각한다. 20세기 전반부에 전 세계적으로 인기를 끌었던 우생학 운동은 정교한 현대 유전과학을 끌어들여 그 시대의 사회적 문제를 해결하려고 했다. 사람들의 집단에는 타고난 가치의 차이점이 있다는 천박한 가정을 근거로 한 것이었다. 특히 우생학은 가난한 사람들이 부유한 사람들보다 자식을 더 많이 낳는다는 19세기의 연구 결과에 의존했다.(Bashford and Levine, 2010)

우리는 생식률이 경제적 변수와 달리 단기간의 지역 문화적 변수에 매우 민감하다는 것을 알고 있다. 100년 전 과학자들은, 어떤 방법을 써서 열등함의 정도를 측정하든 출산율이 높은 빈곤층이 지적으로, 신체적으로, 도덕적으로 열등하다는 전제에 따라 장기 출산율 차이가 가지는 의미에 더 영향을 많이 받았다. 그들은 이대로 가다가는 미래는 "무능력으로 넘쳐날" 것이라고 단순하게 추정했던 것이다.

1920년대 당시 생체의학은 어떤 계층의 사람들은 유전적으로 재능이 다른 사람보다 적으며, 결혼과 출산을 신중하게 조절해 더 나은 계층의 시민이 태어나도록 해야 한다는 생각에 기초를 두고 이 생각을 중심으로 통합돼 있었다. 하지만 이는 상당 정도의 지적인 다양성을 숨긴 것이었다. 영국에서는 이 운동이 주로 계층에 대한 선입견에 기초를 두고 있었던 반면, 미국에서는 계층과 인종에 기초를 두고 있었다. 게다가, 영국의 우생학자들은 주로 인간 유전자풀의 통계학적 모델을 만들어내는 데 몰두해 멘델의 유전 단위와 그 영향에 대해서는 별 관심이 없었다. 그러나 미국에서는 우생학이 완전히 멘델 유전학의 모습을 띠고 있었다. 정신박약을 일으키는 가상의 유전자 확산이라는 전제 하에서였다.(Kevles, 1985;

Mazumdar, 1992)

1925년에 인기를 끌었던 미국 유전학 교과서는 대학생들에게 "자립적인 생활의 기준에 항상 못 미치는 사람들은 매우 많고, 그들의 사회 공헌은 너무나 적어서 그들의 혈통은 제거하는 것이 이롭다"고 경고했다.(Sinnott and Dunn, 1925) 독일의 한 교과서도 비슷한 주장을 했지만 유태인들에 대해서는 더 깊게 다뤘다.(Baur et al., 1921) 두 경우 모두 지역의 문화적 가치가 분명하게 유전 과학에 배어 있었다. 의학적 비유는 독일인들에게 더 명확했다. 그들은 "우생학"이라는 용어를 버리고 "인종 위생" race hygiene이란 말을 썼다. 하지만 이 문제는 여러 나라에 반향을 일으켰다. 수많은 가난한 사람을 어떻게 해야 할까? 과학이 도움이 될까?

미국의 작가 매디슨 그랜트는 『위대한 인종의 소멸』 *The Passing of the Great Race*(1916)이라는 책을 썼는데, 여기서 그는 가난한 사람들에게 단종 수술을 시키고 남부·동부 유럽(이탈리아인과 유태인을 애둘러 말했다)으로부터의 이민을 제한할 것을 주장했다. 몇몇 사람들이 그의 인종적 급진주의를 사적으로 비판했지만, 미국 유전학계는 그가 이끄는 미국우생학회에서 일하는 데 만족했다. 매디슨 그랜트의 책은 『사이언스』의 호평을 받고 (Woods, 1918) 그랜트는 친구인 동료 보존주의자, 시어도어 루스벨트 대통령 Theodore Roosevelt, 당시 정치 지망생이던 히틀러 Adolf Hitler(독일어 판이 출간된 1924년 이후)로부터 팬레터까지 받았다.(Spiro, 2009)

1927년, 미국은 이민제한법을 발효했고(이 법은 몇 년 후 나치 때문에 발생한 난민의 미국 입국을 금지하게 되었다), 연방 대법원은 빈곤층을 대상으로 비자발적 단종 수술을 시행할 수 있도록 단종법 합헌 결정을 내렸다(단종법은 1970년대까지 미국의 몇몇 주에서 시행됐다). 단종법의 초안을 잡은 사람은 미국의 저명한 우생학자이자 유전학자인 해리 로플린 Harry Laughlin이다. 나치가 1935년 뉘른베르크법을 제정했을 때, 그들은 로플

린으로부터 받은 영감에 경의를 표했고, 그에게 하이델베르크대학교 명예박사학위를 수여했다. (그렇지만 나치의 사랑을 받는다는 것은 충분히 당황스러운 일이어서 로플린은 뉴욕 주재 독일 대사관에서 학위 수여식을 해야 했다.) 나치 의사 카를 브란트$^{Karl\ Brandt}$가 1948년 뉘른베르크에서 재판을 받았을 때, 그는 매디슨 그랜트의 책의 일부분을 읽어 기록에 남겼다. 자신은 미국인들이 지지한 일을 했을 뿐이라는 것을 보여주기 위해서였다. 어쨌든 그는 처형됐다. 하지만 1920년대 미국 유전학과 1930년대 독일 유전학 사이에 연속성이 있었다는 그의 주장은 맞는 말이었다. (Kühl, 1994)

제2차 세계대전 후, 인간 유전에 대한 과학적 연구는, 2장에서 살펴보았듯이, 완전히 개념을 바꿔야 했다. 그 작업에는 우생학 운동을 역사에서 지워버리는 것이 들어 있었다.

그 결과, 요즘 유전학자들이 우생학 운동에 대해 얘기하기는 매우 어려운데, 당시 우생학 운동을 지워버리기 위해 썼던 전략은 다음의 네 가지였다. 첫째, 무시하거나 소외시킨다. 어쨌든 우생학은 옳은 것이 아니었고 과학의 역사(과학자들이 이 이야기를 하고 싶어 한다)는 올바른 생각들의 타임라인이다. 둘째, 과학계의 관여를 부정하고 우생학 운동을 매디슨 그랜트 같은 괴짜, 사기꾼, 아마추어들의 짓이라고 떠넘긴다. 다만, 그랜트는 자격을 갖춘 과학자가 아니었지만 분명 선두에 서 있는 미국 과학자들과 어깨를 나란히 한 인물이었다. 그들은 그랜트의 책에 찬사를 보내고 미국우생학회에서 그와 함께 일했다. 셋째, 과거와 현재 사이의 어떤 관계도 부정한다. 어찌 됐건, 그건 그때고 지금은 지금이다. 그리고 우리는 과거의 나쁜 유전학자들로부터 아무것도 배우고 싶지 않다. 그래야 되나? 그리고 넷째, 어쨌든 왜 이 이야기를 꺼내는 걸까? 반 과학적인 사람이어서?(영국우생학회의 처음 세 명의 회장은, 한 명 한 명이 당황스러울 수 있겠지만, 다윈의 사촌, 다윈의 아들, 영국 굴지의 진화 유전학자였다. 창조론의 맥락에서 보면 특히 공감할 만하다.)

하지만 우생학 운동에 실제로 참여하지 않음으로써 인간유전학계는 후폭풍이 불게 됐다. 인간유전학의 꿈과 방법을 다시 그리면서도, 유전학계에는 꼭 필요한 것이 많이 남아 있었다. 어느 정도는 인도주의적이고 유토피아적이고 전체주의적이었지만, 질병을 치료하고 더 나은 세상을 만들기 위해선 꼭 필요한 것이었다. 하지만 여기에는 두 가지 문제가 있었다. 첫째, 질병은 유전적으로 정의하기가 그렇게 쉽지 않다는 것이다. 테이-삭스병은 유전적이고 정신박약은 그렇지 않다고 해도, 발이 느린 것은 어떤가? 이것은 현재 급성장하고 있는 직접 소비자 대상 영역에서 유전자 검사로 시장에 나온 분야다. 조현병이나 알코올중독, 동성애, 신앙 부족은 어떤가? 모두 추정을 바탕으로 유전학자들이 게놈에서 확인한 것들인가? 그리고 둘째, 유전성 질환이라는 것을 확인했다고 하면, 그다음엔 무엇을 해야 할까? 단종 수술? 임신 중절? 존재하지 않는 유전자 치료? 낙인 찍기?

마지막에 언급한 낙인 찍기는 실제로 1970년대 미국 겸상적혈구 검사 프로그램의 주요한 성과 중 하나였다. 유전 질환에 불균형적으로 영향을 받는 미국 흑인 인구를 대상으로 한 이 검사 프로그램에는 사람들의 현실과는 매우 다른 인도주의적 이상이 있었다. 검사는 (증상이 없는) 겸상적혈구빈혈 보인자와 자신에게 심각한 건강 문제가 생긴 것을 이미 알고 있을 실제 환자를 구별하지 못했다. 증상이 없는 보인자가 역시 증상이 없는 보인자와 만나 아이를 가진다면(미국 흑인들 사이에서 이런 일이 일어날 확률은 약 13분의 1이다), 그 아이가 겸상적혈구빈혈에 걸릴 확률이 4분의 1이라면, 그때는 어떻게 해야 할까? 임신 중절? 단종 수술? 아이를 낳지 말라고 권고해야 하나? 노벨상 수상자인 화학자 라이너스 폴링 Linus Pauling은 1968년 이 문제에 대해 단호하게 말한 것으로 악명이 높다. "모든 젊은 사람의 이마에 겸상적혈구 세포 유전자 보유를 나타내는 문신을 새겨서, 심각하게 결함이 있는 유전자를 갖고 있는 두 젊은이가 서로 사랑에 빠지는 것을 막아야 한다."(Duster, 1990)

검사 프로그램은 그다지 성공하지 못했다. 과학자들이 자신들이 찾는 사람들만 검사하고자 했기 때문인데, 이해할 만하다. 게다가 겸상적혈구 검사 프로그램은 "터스키기 매독 생체 실험"이 세상에 드러나고 있을 바로 그때 진행되고 있었다. 이 실험은 1932년부터 1972년까지 40년 동안 진행됐으며 그 사이에 나치가 일어서고 페니실린이 발명되었다. 매독에 걸린 불쌍한 앨라배마 흑인들이 이 실험의 대상이었다. 이들은 연구 대상으로만 이용되고 치료를 받지는 못했다. 게다가 유전학자들은 그때까지도 겸상적혈구 검사 프로그램을 "우생학적"이라고 부르고 있었다. 대체로 다음과 같은 의미를 가졌다. "우리는 흑인 사회의 유전자풀을 위해 긍정적인 무언가를 하고 싶다. 우리가 예전에 지지했던 일이긴 하지만, 마구잡이로 수치심과 죄의식을, 최악의 경우 공개적으로 굴욕감을 주면서 누구를 죽이거나 단종 수술을 시키는 그런 일을 하고 싶지 않다."(Wailoo and Pemberton, 2006; Washington, 2006; Comfort, 2012)

실제로 모든 집단의 사람들은 그들만의 유전적인 특이점들을 갖고 있다. 그들만의 고유한 역사의 결과지만 그 특이점들이 인종으로 연결되지는 않는다. 예를 들어, 북부 유럽인들은 낭포성섬유증이 발병할 확률이 남부 유럽인들보다 훨씬 높다. 겸상적혈구빈혈은 말라리아 감염 위험이 높은 구세계 사람들에게 발생할 확률이 높다. 적도 아프리카 지역과 그 주변이 특히 위험 지역이다. 사우디아라비아인과 인도인도 같은 유전적 위험을 가지고 있다. 아시케나지 유태인(중부·동부 유럽 유대인 후손)과 프랑스계 캐나다인은 테이-삭스병 고위험군에 속해 있고, 남아프리카 보어인은 발문상 포르피린증, 펜실베이니아 아미시 교도는 연골외배엽 이

형성증 발병 위험이 높다. 하지만 이런 특이점 중 그 어떤 것도 현대적 의미의 인종과는 연결되지 않는다. 단지 공통의 정체성과 역사를 가진 사람들의 집단일 뿐이다. 실제로 이런 유전자 데이터를 인종화하는 것은 그들을 극도의 혼란에 빠뜨린다.

미국 흑인 사회에게는 힘든 일이겠지만, 겸상적혈구빈혈은 매우 작은 건강 문제다. 육체적으로 더 복합적인 병의 원인 관계를 가진 건강 문제들이 미국의 흑인과 백인에게 불균형적으로 영향을 미치는 것을 감안하면 그렇다는 얘기다. 흑인 여성이 저체중아를 출산할 확률, 흑인 남성에게 고혈압이 나타날 확률 등이 그 예다. 전반적으로, 흑인과 백인은 평균 기대수명에서 4년 차이가 난다. 이 차이는, 영국 북부와 남부, 미국 미시시피주와 버몬트주에 사는 사람들의 차이처럼 사회적·경제적 불평등의 결과다.

인간의 집단에는 모두 특정한 건강 문제가 있다. 그들만의 역사의 산물일 경우도 있지만, 그보다는 평균적으로 어디에 살고, 무엇을 하고, 어떤 것을 경험하는가가 더 자주 원인이 된다. 1775년 영국의 굴뚝 청소부들이 특히 음낭암에 걸리기 쉽다는 사실이 밝혀졌다. 이 사실은 특정 지역(대부분 소득이 낮은 도시 지역)에서의 건강 위험을 밝히는 동시에, 17세기 중반에 크게 퍼져 나간 사회적 전염병학의 기원 신화를 제공해준다. 현재는 독성 폐기물 처리장 근처에 살거나 반복적인 운동을 해야 하는 직업에서 발생하는 건강 위험이 보편적으로 인정된다. 현대의 정밀한 대조군 연구들은 저체중아 출산 위험 증가(David and Collins, 1997), 고혈압(Kaufman and Hall, 2003) 같은 복잡한 인종적 건강 문제들이 미국에서 흑인으로 성장한 결과, 즉 "체화"embodiment(Wade, 2004; Krieger, 2005)로 가장 잘 이해되고 있다는 것을 보여주었다. 게놈에 집중하면 대부분의 건강 격차를 일으키는 사회적 조건들이 무시될 수 있다.

건강 격차를 일으키는 사회적 조건들을 무시하는 다른 방법은 병의 인과 관계를 완전히 제쳐놓고 증상을 단순히 제약 산업의 측면에서 다루는 것이다. 여기에는 신약을 내놓을 인종적 "틈새 시장"을 창출하는 것이 포함된다. 집단들이 이미 자연적으로 다르다고 추정되면, 어떤 한 집단에만 잘 듣는 약이 존재할 것이라고 쉽게 생각할 수 있다. (인간의 변이에 대해 우리가 실제로 알고 있는 사실들에 비추어보면, 제약 산업의 개입은 개인의 유전자형을 겨냥해야 한다. 인종 집단은 대표성을 가지기에는 매우 불완전해서 약을 대량으로 잘못 처방하는 결과를 직접적으로 초래할 수 있다.) 제일 앞서 나간 것은 비딜^{BiDil}이라는 심부전 치료제다. 미국 흑인 환자를 특정 대상으로 해서 2005년 미국식품의약국^{FDA} 승인을 받았다. 다른 집단에 비해 미국 흑인들에게 더 효과가 높거나 이 집단에만 다른 효과를 나타냈다는 유효한 역학적 데이터도 없는 상태였다. 이 약은 FDA 승인으로 특허 보호 기간이 연장됐지만, 결국 제조사는 재정적 재앙을 맞게 됐다. 약을 너무 비싸게 팔았기 때문이다. 비딜은 공공 건강 증진책이 아니라 이윤을 목표로 한 투기였다. 이 약은, 거의 전적으로 사회적·경제적 요인이 원인이라고 할 수 있는, 미국 내 흑인과 백인 사이에 실존하는 건강 격차를 개선하는 데 그 어떤 도움도 주지 않았다. 이 격차를 악용해 실제로 의학적 개입이 필요한 사람들로부터 폭리를 취했을 뿐이다. (Kahn, 2012; Pollock, 2012)

1920년대 우생학으로부터 최근의 유전체학에 이르는 위의 이야기들을 한데 묶는 주제는, 사람이라는 종은 동물학적으로 익숙한 분류 단위와 동등한 자연적인 분류 범주라는 잘못된 믿음이다. 인간의 집단들은 그런 분류 단위가 아니다. 가장 가까운 친척과 비교해보면, 판 트로글로디테스 베루스^{Pan troglodytes verus}와 판 트로글로디테스 슈바인푸르티이^{Pan troglodytes schweinfurthii}의 관계와 같은 관계에 있는, 살아 있는 인간의 두 집단은 존재하지 않는다. 인간의 집단은 문화적으로, 상징적으로 묶여 있다. 이 집단들은 정체성과 친족 이야기의 단위다. 인종에 대한 분류학적 오류는, 생물학적 분류군처럼 보일 수도 있는 이런 단위들이, 달러나 아스널 축구팀, 무신론과 같은 분류보다 고양잇과, 조류, 북부양털거미원숭이 같은 분류에 더 가까울 것이라고 상상하는 것이다. 달러, 아스널 축구팀, 무신론은 실제로 존재하지만 생물학적, 유전학적 의미에서 존재하는 것은 아니다. 무신론자, 스포츠팀, 달러 사용자의 유전자풀을 연구할 수도 있다. 하지만 왜 굳이 그걸 할까? 그런 데이터는 기껏해야 이해할 수 있을까 말까 한 자연적 의미를 가질 것이다. 인간의 집단은 쉽게 생물학적 또는 유전학적 분석을 할 수 있도록 구성되지 않았다. 생물학이나 유전학으로 집단의 경계를 정할 수 없기 때문이다. 그래서 동족 결혼, 카스트 제도, 인종간 금혼법 같은 제도가 "필요한" 것이다. 이는 유전자풀에서 기껏해야 아주 미세하게 나타나는 문화적 구분을 강화하기 위한 것이다.

2015년 미국 언론과 SNS에 동시에 세 가지 이야기가 퍼졌다. 첫째는 워싱턴주 스포캔에서 정치 활동을 하는 사람의 이야기다. 그녀는 백인으로 태어나고 생물학적 부모도 백인이었지만 자신을 흑인으로 속여온 것이 드러났다. 그녀는 성인이 됐을 때 흑인으로서의 정체성을 선택했고 부모가 그녀를 "쫓아내지만" 않았어도 그 정체성을 유지할 생각이었다. 둘째는 20년 전에 발견된 9,500년 된 해골 얘기다. 과학자들은 처음에 이 해골을 유럽인의 것으로 보고 따라서 아메리카 원주민의 것이 아니라고 주장했지만, 결국 유럽인보다는 현재의 아메리카 원주민과 유전적으로 더 가까운 것으로 분석됐다. 셋째는 딜런 루프라는 21세의 백인 지상주의자가 사우스캐롤라이나 찰스턴에 있는 교회에서 흑인 아홉 명을 살해한 사건이다. 남부연합 깃발에 대한 전국적인 논란과 흑인 교회를 대상으로 한 방화가 이어졌다. 얼마 안 지나, 미국 경찰이 위협을 가하는 것인지 판단하기 애매했던 흑인들을 육체적으로 학대하고 살해하는 장면을 담은 동영상이 "#BlackLivesMatter"(흑인의 삶은 중요하다)라는 슬로건과 해시태그 게시를 촉발했다. 이 사실들은 현대 사회가 "탈인종적"이라는 주장과는 양립하기 힘들다. 이 사실들은 인종 문제가 사회적이고 정치적인 것이며, 생물학적인 것이 아니라는 점을 분명히 보여주고 있다.

제5장

우 리 가

알고 있는 것,

그 중요성

이 책의 제목에서 제기된 문제는 의외로 답이 간단하다. 과학 실천자들이 편협한 교육을 받아 인종에 대한 다른 사람들의 상식과 지식으로부터 특히 차단된다면, 과학은 인종주의적이다. 과학 진보의 많은 부분은 상식이 어떻게 옳지 않은지를 증명해 보이는 과정에서 이루어진다. 태양은 지구 주위를 도는 것처럼 보이지만 그렇지 않다. 물은 원소가 아니며 나뉘지 않는 것이 아니다. 물은 무색무취의 기체로 이루어져 있다. 인간의 집단은 사람 종의 근본적인 생물학적 구분 단위가 아니라, 임의의 문화적인 방식으로 연결된 사람들의 무리다.

인종은 공식적인 과학 개념이 아니기 때문에 보통은 과학자가 접근하기 힘들다. 인문학을 통해서만 역사적, 경험적, 정치적으로 이해될 수 있는 것이다. 중요한 진전은 제2차 세계대전 후 인간의 변이가 과학적 분석의 대상이 될 수 있지만, 인종의 특징과 연결되는 결과를 내지는 않는다는 인식이 생기면서 이루어졌다. 아프리카인은 생물학적으로 유럽인들과 다른가? 물론 동아프리카인들은 서아프리카인들과 다르고, 나이지리아 이보 족은 나이지리아 요루바 족과 다르다. 인종은 차이가 아니다.

인간의 집단들은, 사람들이 모두 그렇듯이, 서로 다르기 때문이다. 인종은 어떤 문화적 패턴을 인간의 차이에 부여하는 것이다.

인간의 차이를 인종과 차별화해오면서 우리가 갖게 된 긍정적인 지식과 양자 간의 상호관계를 정리해보자.

1. 인간의 집단은 주로 문화적으로 구별된다

하나의 집단과 다른 또 하나의 집단을 구별하는 것은 경계 작업이다. 그리고 인간 집단들 사이의 경계는, 그런 경우가 있다고는 하더라도, 거의 자연적이지 않다.(Peregrine et al., 2003) 백인으로 "통하는" 흑인들은 수세기 동안 잘 알려져 있었고 두려움의 대상이 되어왔다. 흑인이나 아메리카 원주민으로 "통하는" 백인들의 사례도 널리 알려지고 있다. 어떻게 그렇게 문제없이 지낼 수 있었을까? (그들이) 자신의 신체적 외모와 DNA를 무시하고 "말하는 대로 말하고" "걷는 대로 걸은" 덕분이다. 이는 비백인들의 행동, 말, 관심사, 정체성을 그대로 따라 하는 것이다. 우리는 경계에 있는 경우 외모가 우리 생각과 다를 수 있다는 것을 안다. 그래서 그들이 문제 없이 지냈던 것이다. 인간의 정체성은 때로 생물학에 기반을 둔다. 유전성 질환을 같이 앓고 있던 사람들 사이에서 형성된 유대 관계를 생각해보라.(Rapp et al., 2001)

하지만 문화적 다양성의 패턴에 집중함으로써 우리는 뛰어넘고 싶은 생물학-문화 이분법을 복제할 수 있다. 하지만 이것이 주는 메시지는 중요하다. 인간은 대개 유전자형이나 표현형의 특징이 아니라 말, 옷, 몸단장, 신앙, 금기 같은 상징적 표지를 이용해 자신과 같지 않다고 느껴지는 사람들과 자신을 차별화한다. 생물학적 차이가 그런 것처럼, 이런 상징적 표지들의 차이도 미세할 때가 많아 차별 효과를 높이려면 문화적 강화 또는 정교화 작업이 더해져야 한다.

2. 집단들 안에서의 변이가 집단 간 변이보다 훨씬 더 크다

인종이 주로 문화적으로 만들어지고 묶인다는 것을 인식하면 논리적 귀결 중 하나는 다음과 같다. 인종의 표면적이고 상식적인 패턴은 탐지 가능한 생물학적 패턴과는 매우 다르다. 인종이 생물학적 실체라면, 인종은 일반적으로 동질적이고, 주변 인종과는 질적으로 다르다는 발견의 뒷받침을 받았을 것이다. 하지만 우리는 그 반대라는 것을 알고 있다. 추정을 바탕으로 한 인종은 유전적으로 동질적이지 않고 주변 인종들과도 쉽게 구별되지 않는다. 물론 인간 집단 사이에는 생물학적인 차이점들이 있다. 우리는 그 차이의 패턴, 즉 두 집단 간의 차이를 폴리티피^{polytypy}라고 부른다. 하지만 임의의 한 집단 안에서 이질성의 정도, 즉 다형성^{polymorphism}은 탐지 가능한 폴리티피보다 훨씬 더 심하다.

이 사실은 제2차 세계대전 이전에도 어렴풋하게 알려져 있었다. 하지만 1970년대에는 유전학자들이 정량화에 성공해, 탐지 가능한 유전자 변이의 많아야 15퍼센트 정도만이 폴리티피라는 것을 밝혀냈다. 예를 들어, ABO 혈액형 그룹에서는 거의 모든 사람들이 세 개의 대립형질을 모두 가지고 있으며, 그중 O가 항상 가장 많다. 하지만 그 빈도 범위는 어떤 사람들을 연구하는지에 따라 약 50퍼센트에서 95퍼센트 위쪽까지 다양하다. 아메리카 원주민은 O형일 확률이 오스트레일리아 원주민보다 높다. 하지만 O형인 사람은 양쪽 집단에서 다 나올 수 있다. 관련된 유전자 변이가 어디에나 있기 때문이다. 사람 종에서 대부분의 유전자 변이는 그런 식으로 패턴화되는 것으로 나타났다. 어떤 유전자 표지를 보더라도, 유전학자들이 찾아내는 변이의 85~95퍼센트는 다형화다. 즉 변종은 세계시민적이다. 어디에서나 발견할 수 있으며 인구 집단에 걸쳐 비율만 달라질 뿐이다.

이것은 인종 이론의, 사람 종의 근본적인 분류 단위들은 상대적으로 수가 적고 차별적이어야 한다는 예측과는 다른 패턴이다.(Graves, 2004; Tattersall and DeSalle, 2011) 그 예측은 침팬지에서 본 것과는 유사하지만, 사람에게서는 그렇지 않다.

3. 인간의 생물학적 변이는 분리적이지 않고 연속적이다

인간 집단들은 중간 형태를 거치면서 서서히 진화한다.(Handley et al., 2007) 인종과 문화 패턴의 일반적인 불연속성과 대비되는 인간 변이의 연속적인 패턴은 18세기 학자들이 인식했다. 새로운 유행이 된 생물학적 분류를 인간에게 적용하고자 하는 욕구는 너무나 강해서 해부학자 요한 프리드리히 블루멘바흐Johann Friedrich Blumenbach는, 인간 집단들이 서로 너무나 정신없이 섞여서 그 집단들 사이에 경계를 긋는 것이 불가능하다고 썼다.(서양 문명에 대한 블루멘바흐의 공헌은, 유럽에서 가장 아름다운 두개골들은 코카서스Caucasus 산맥에서 사는 사람들로부터 온 것이라는 그의 미학적 판단이다. 그 결과로 그는 유럽의 민족들을 "코카서스인"이라고 불렀다.)

인간의 문화적 변이가 주로 경계 작업인 반면, 인간의 생물학적인 변이는, 몸에서 관찰되든 DNA에서 관찰되든, 매우 다르게 패턴화된다. 대개 어떤 사람을 부족, 씨족, 민족, 종교 집단, 또는 인종의 구성원으로 확인해주는 차별성은 생물학 데이터에서는 더 이상 탐지가 불가능하다.

그 이유는 인간의 집단들이 사회적, 경제적, 군사적, 또는 다른 종류의 문화적 관계의 결과로 서로 유전적 접촉을 하기 때문이다. "고립된" 집단은 전형적인 식민시대의 신화다. 고립은 상대적인 용어인데다 완전히 고립된 인간 집단은 불가피하게 급속도로 멸종되기 때문이다.(Wolf, 1982) 유전학자들이 인간 집단들의 유전적 접촉을 재빠르게 인정했지만, 불행히도 그런 접촉을 부인하고 집단의 역사를 만드는 것이 더 쉬웠다. 그래서 1990년대 인구유전학자들이 빅사이언스Big Science 프로그램의 인간게놈다양성프로젝트에서 인간 집단의 역사를 유전적으로 연구할 수 있게 해달라고 대중에게 호소했을 때, 그들은 인간 집단들이 고립되는 가상의 배경을 연구 내용에 포함시켰다. 이것이 이 프로젝트가 자금 지원을 제대로 받지 못한 이유 중 하나다. (Reardon, 2004)

4. 인구 집단은 생물학적으로 실존하지만, 인종은 그렇지 않다

1930년대 인구유전학population genetics의 발전으로 생태학과 진화학에는 새로운 수준의 수학적 엄정성이 도입됐다. 1950년대가 되자, 실제 인간 집단(즉 인구)에 대한 연구가 그들만의 구별되는 특징을 각각 갖고 있는 이상화된 인간 아종들에 대한 연구를 밀어냈다. (Yudell, 2014)

인종 이론가들은 인종을 "집단"population으로 바꿔 부르며 가상의 인종적 본질에서 실제 인간 집단으로의 전환에 잠시 편승했다. 집단 치고는 엄청나게 큰 집단이다. 하지만 인간 집단의 현실은 지구적 또는 대륙적 분포보다는, 지역적 분포에 뿌리를 둔 것이다. (Thieme, 1952; Johnston, 1966) 인간 적응의 단위는 폭이 좁다. 적응해야 할 "아프리카의 기후" 같은 것은 없다. 환경은 근처neighborhood를 말하는 것이다. 특히 말라리아 같은 스트레스 요인은 넓게 퍼져 있지만, 중요한 것은 그 질병의 확산이다. 말라리아는 아프리카에만 있는 것도, 아프리카 전역에 다 있는 것도 아니다. 말라리아에 대한 유전적 반응을 합리화하는 것은 실제 전염병 상황을 설명해주지 못하고, 그 반대도 성립하지 않는다.

"인간 집단"이라는 개념이 쉽게 다룰 수 있는 개념이라고 말하려는 것이 아니다. 인간에게 그것은 지리학적 공동체와 잘 일치할 수도, 그렇지 않을 수도 있는 믿음 체계에 기초를 둔 정체성을 나타난다. 인간의 조건은 그러므로 땅다람쥐나 여우원숭이의 조건과는 다르다. 이 경우는 짝이나 짝을 찾는 경쟁자들이 있는 지리적으로 제한된 영역만 다루면 된다.

지리적으로는 흩어져 있지만 습성이 비슷한 땅다람쥐나 여우원숭이들은 다룰 필요가 없다.

앞 장에서 언급했지만, 인간의 인종이 생물학적 일관성이나 실체가 없다고 해도, 인종주의 결과는 인간 집단에 매우 현실적인 영향을 미친다.

5. 인간 집단에는 만들어진 구성요소도 있다

인간 다양성의 주요 패턴은 문화적, 다형적, 연속 변이적, 그리고 지역적이다. 인간의 다양성을 연구하는 것은 이러한 패턴의 측면들을 연구하는 것이다. 인종을 연구하는 것은 다른 어떤 것을 연구하는 것이다. 즉 의미 있는 범주적 차이를 이 변이에 부여하고, 그 결과로 사람들의 삶에 영향을 미치는 것이다. 초파리 집단과는 달리 인간 집단은 동종의 다른 존재와 어울리도록 인도해주는 역할과 정체성을 물려받고 받아들인다. 그러나 인간은 또 경제적, 지리적, 감정적 등 여러 가지 이유로 그런 정체성을 뒤집어엎고 새로운 정체성을 얻을 방법을 찾기도 한다.

게다가 정체성이라는 것은 스스로 진화해 사라지기도 하고 생기기도 한다.(McAnany and Yoffee, 2009) 히타이트 민족은 3,000년 전 북아프리카에서 중요한 정체성이 형성되었고, 오늘날 그 후손들이 분명히 살아 있지만 정체성은 사라졌다. 이러한 정체성은 따라서 지리적으로 분포돼 있다는 점에서는 부분적으로 자연적이지만, 정치적인 특징을 가진 단위라는 점에서는 부분적으로 상징적이다. 엄격하게 유전학적 관점에서 보면, 인간 집단은 구멍이 많다.

이는 또한 그 어떤 인간 집단도 유전적으로 순수하지 않다는 의미이기도 하다. 순수성이라는 것은 결국 극도의 동종교배인데, 보통 그렇게 하면 집단은 약화된다.

6. 인구 집단을 무리로 묶는 것은 임의적이다

인간 유전자풀의 단위는 지역적이지만 인종은 대륙적일 것이다. 대륙적 인종이 지역 인구 집단의 커다란 합에 불과하다고 상상하면 이 개념적인 간극을 메울 수 있을까?

어떤 집단들을 합쳐야 할지, 합치는 작업을 어디서 시작해서 어디서 멈출지를 가르는 객관적인 방법이 있다면, 그럴 수도 있다. 아프리카 사하라 사막 이남의 종족들을 모아서 아프리카 "인종"을 만드는 것은 상식이고, 사람들이 익숙한 범주를 데이터에 부여하는 것이다. 그것은 인종을 발견한다기보다 가정하는 것이다.

실제로 20세기 초반 인종 이론가들이 초기에 부딪혔던 개념적인 문제 중 하나는 "주요한" 인종의 하위 분류에 "주요하지 않은" 인종을 넣는 것이었다. 키가 크고 금발인 스칸디나비아인은 작고 거무스름한 시칠리아인과는 구별된다. 스칸디나비아인이 우간다인과 바로 구별되는 것과 별로 다르지 않다. 따라서 린네 분류 체계에 개념적으로 제한을 받는 상태에서, 유럽인들 사이에서 나타나는 연속적인 인간 변이를 연구하던 윌리엄 Z. 리플리는 유럽 인종에는 세 개의 인종이 있다고 1899년에 발표했다. 튜턴인(노르딕인), 알프스인, 그리고 지중해인이다. 2장에서 살펴봤듯이, 리플리는 1939년 개정판을 내면서 유럽에는 세 개 인종보다 훨씬 더 많은 인종이 있다고 내용을 수정했다. 가이드라인이 없다면, 사람 종을 무한히 작게 나눌 수도 있다. 그러다가 곧 이런 분류가 유럽인들의 "자연적" 무리를 나타낸다는 것을 믿어버릴 수도 있다. 비슷하게, 아프리카의 현장 연구자들은 익숙하고 상식적인 단수형 대신에 이상하게 들리는 복수형을 다시 쓰면서 "아프리카의 인종들"에 대해 말하기 시작했다.

유전학자나 생물학자는 예를 들어, 아일랜드인과 스페인인의 유사점과 차이점을 연구할 수 있다. 하지만 이들은 그 차이점이 하나의 공통 주제에 의한 두 개의 변이를 나타내는지, 주제 자체가 두 개인지 알 수는 없다. 그리고 우리는 사람이라는 종이 끝도 없이 하위 분류로 갈릴 수 있다는 것을 알면, 과학적으로 인종 수를 다 계산하려는 시도들이 언제는 인종이 둘(직모와 곱슬머리)이라는 결과를 내고, 또 언제는 수십 개라는 결과를 내는지 알 수 있다. 사람들을 나누고 합치는 일은 결국 자의적인 것이기 때문이다. 실제로 인간의 자연적 집단이 정확히 몇 개인지는 알 수 없다.(Keevak, 2011)

7. 사람들은 근처에 있는 사람들과 비슷하고 멀리 있는 사람들과는 다르다

인간 생물학적 변이의 연속적 속성을 감안하면, 두 개의 인구 집단이 얼마나 비슷한지 예측하는 가장 좋은 방법은 그들의 지리적 근접성을 알아내는 것이다. 이것은 사람들이 멀리 있는 사람들보다는 근처에 있는 사람들과 이종결혼intermarry을 할 확률이 높다는 사실에서 나오는 간단한 결과다. 그 결과, 불연속성, 즉 분명한 차이로 경험되는 인종에 대한 인식은 일반적으로 먼 곳으로부터 이주하는 것의 역사적 패턴과 연관된다.

지리가 유전적 유사성을 가장 잘 예측할 수 있는 수단이라는 일반화가 유효하긴 하지만, 이 일반화는 이상한 가정을 수반하고 있다. 잘 입증되고 분명한 사실이지만, 당신에게는 적용되지 않을 수도 있다. 이 책은 노스캐롤라이나 샬럿에서 쓰고 있는데, 여기서 나의 친척과 이웃들의 근접성 사이에는 결코 아무런 관계가 없다. 겨우 16년 전에 샬럿으로 이사 와서 그런지 피가 섞인 친척이라고는 한 명밖에 없다.

내 조상들이 150년 전에 도대체 어디서 살았는지 알지 못하지만 노스캐롤라이나는 아닌 것이 분명하다. 그리고 500년 전 내 조상들은 북아메리카 근처에도 살지 않았다. 혈통과 지리에 대한 일반화는 토착민들에게

만 적용된다. 식민주의와 산업주의의 힘에 밀려 인구학적 이동에 참여했던 사람들에게는 아니다. 이것은 콜럼버스 이전 세계에 대한 확실하지만 낭만적인 일반화다. 그 세계에서 오스트레일리아에는 원주민들만, 아메리카 대륙에도 원주민들만 있었다. 캘리포니아에 아시아인도 없었고 카리브해 지역에도 아프리카인이 없었다. 역사를 마음대로 상상했을 때 도시적이고 유전학적인 현대 세계의 현실과 상당히 격리돼 있는 세계를 그린 모습이기도 하다.(Cartmill, 1998)

재미로 보는 유전자 혈통 검사가 당신의 지리적 혈통에 대한 정보를 말해줄 때, 그들이 실제로 요약하고 있는 것은 멀리 떨어져 있는 토착 인구 집단에서 수집한 DNA와 당신 유전자의 유사성이다. 고객은 그들이 좋아하는 결론은 받아들이고, 그렇지 않은 결론은 버리거나 무시하면서, 이것을 "가벼운 과학"이라고 여기는 것 같다. 합리적으로 보인다.

8. 인종 분류는 역사적이고 정치적이며, 자연적인 생물학적 패턴을 반영하지 않는다

이제 역사와 민족지학으로 눈을 돌려 인종이 어떻게 다르게 암호화돼왔는지, 이 분류가 본래 얼마나 불안정한 것이지를 알아보자. 미국과 영국의 인구조사 양식만 비교해봐도 첫 번째 구분이 양쪽 다 같다는 것을 알 수 있다. "백인." 하지만 미국 양식은 인종이라는 말을 쓰면서 간단하고 별 구분을 안 해도 되게 만들어져 있는 반면, 영국은 "민족 그룹"으로 표를 만들어서 "잉글랜드/웨일스/북아일랜드/브리튼"을 "아일랜드"와 구별했다. "집시 또는 아일랜드인 여행자"라는 영국의 하위 구분은 미국인에게는 "해왕성인"이라는 말처럼 별 의미가 없어 보인다. 미국 양식에는 "흑인, 아프리카계 미국인, 혹은 네그로"라고 흑인을 하나로 묶었지만, 영국은 아프리카계 카리브해인을 따로 분리했다. 제일 중요한 것은 아시아인을 어떻게 다뤘나이다. 미국은 동아시아 나라들은 구별했지만 남아시아는 하지 않았다. 영국은 그 반대였다. 인도인, 파키스탄인, 방글라데시인을 구별했지만 동아시아인에는 중국인밖에 없었다. 그리고 잡동사니 같은 미국 구분 "다른 인종—표시하시오"가 영국 양식에는 "다른 민족 그룹"이라고, 도움이 되게도 예로 "아랍"을 들어놓았다.

이 두 나라에서 분류 구분을 어떻게 부르든, 이런 것들은 자연적인 특징이 아니라, 정치적인 특징을 나타내는 단위다. 단위들을 연결해주는 것은 실증적인 유전적 패턴이 아니라, 유전적 유사성에 대한 사람들의 생각이다.(Tutton et al., 2010) 영국 양식은 그만큼은 인정하고 있다. 똑같은 정보를 요청하지만 "민족 그룹"이라고 명시한 반면, 미국 양식은 구분이 "민족"이라는 자연적 성질에서 나온 것이라는 소설을 그대로 방치하고 있다. 특히 혼란을 주는 것은 미국 인구조사 양식은 "히스패닉계, 라틴계, 스페인계"를 인종 구분과 분리하려고 했다는 것이다. "히스패닉계"는 겉모습이 어떻게 보이든, 조상이 어떤 언어를 썼는지를 묻고 있다는 합리적인 근거에서 나온 것 같다. 이것은 서로 다른 혈통을 가진 사람들을 하나로 묶는다. 캘리포니아에서 "히스패닉계"는 보통 최근에 멕시코 혈통 조상이 있다는 것을 암시하는 반면, 플로리다에서는 보통 최근에 쿠바 혈통이 있다는 것을 암시한다. 하지만 자신이 히스패닉계라고 대답하는 많은 사람들은 "인종" 구분을 건너뛴다. 같은 질문을 또 하고 있다고 생각해서다. 게다가 미국 양식은 "히스패닉계"가 아니면서 "라틴계"로 여겨지는 브라질 이민자들에게는 특히 도움이 안 된다.

20세기를 거치면서, 전통적으로 인종차별을 받아왔던 유럽인 집단인 아일랜드인들과 유태인들은 미국 사회에서 "백인" 범주로 흡수됐다. 결국, 백인은 피부색을 나타내는 말이다. 지리적으로는 "유럽인"에, 두개골과 얼굴의 모양은 "코카서스인"에 연결된다. "백인"이 확장돼 미국 내

112

유태인과 아일랜드인을 포함하게 되는 현상은 히스패닉계와 서아시아 무슬림을 백인 범주에서 밀어내는 상대적 수축 과정에 그대로 반영되고 있다. 이는 어떻게 인종주의가 인종에 앞서는지를 보여주는 데 도움을 주고 있다. 정치적인 행위는 사람 종의 자연적 구분에 의존하지 않는다. 정치적인 행위는 그런 구분을 만들어내고, 굳게 하고, 구체화한다. (Wade, 2002)

9. 인간은 유전자 변이가 거의 없다

인간과 침팬지의 혈통은 각각 600만 년 정도 됐지만 침팬지의 유전자 풀은 인간의 유전자풀보다 훨씬 더 많은 유전자 변이를 가지고 있다. 침팬지는 전부 아프리카의 특정 지역에서만 발견되며 다들 비슷하게 생겼지만, 인간은 전 세계에 퍼져 살면서 서로 많이 다르게 생겼다는 점을 생각해보면, 이것은 직관에 반하는 발견이다.

하지만 침팬지 두 마리와 인간 두 명을 비교해보자. 침팬지들이 서로 훨씬 더 다를 것이다. 고릴라도 마찬가지다. 이것은 뭔가 주목할 만한 일이 인간의 유전자풀에 일어났다는 듯이다. 말하자면, 상당한 수축이다. 이렇게 유전적 다양성을 상실한 데는 두 가지 원인이 있다. 첫째는, 자연선택이 오랫동안 작용해, 하나의 유전자 변종의 빈도가 다른 변종들에 비해 상승한 것이다. 세대가 거듭되면서 선택을 받은 유전자 서열과 이를 둘러싸고 있는 DNA가 다른 유전자 변종을 유전자풀에서 쓸어버린다. 그리고 어떤 유전 영역이 관련되는지는 확인할 수 없지만 유인원에서 우리가 분리되는 과정에 관련된 많은 자연선택이 분명히 있었을 것이다. 그중 몇 개만 열거해도, 소리를 내는 방법, 인지 상징 사고 과정, 친사회성, 두 발 보행, 열방산, 오른손잡이 등이 있다.

종이 유전자 다양성을 상실하는 다른 메커니즘은 유전자 병목현상, 즉 적은 인구가 미치는 장기적 영향 때문에 발생하는 유전자 부동의 효과가 무작위적으로 나타나는 것을 통해서다. 그것이 바로 우리 조상들 사이에서 지배적으로 일어났다고 우리가 믿는 인구학적 상황, 즉 돌아다니는 작은 수렵·채집인 무리에서 일어난 일이다.

원인이 무엇이든, 생물학적 또는 유전학적으로 잘 분화된 집단들로 분류돼 들어가는 것은 침팬지 유전자풀의 특징으로 보인다. 인간은 그렇지 않다. 우리 종은 집단 간 유전자 변이가 많지 않을 뿐 아니라, 아예 유전자 변이가 거의 없다.(Enard and Pääbo, 2004)

10. 인종 문제는 사회적·정치적·경제적이지 생물학적이지 않다

인종 문제는 분류로 인해 누적되는 불평등한 사회적 특권 탓에 존재한다. 계몽주의 이후의 현대 민주 공화국에서, 우리는 사회적 평등이 바람직하다는 것과, 성차별주의가 인종주의와 유사해지는 방법으로, 남성, 여성, 흑인, 백인이 모두 사회적으로 평등해야 한다는 것을 인식하고 있다. 하지만 남성은 여성보다 더 많은 사회적 특권을 누리곤 하고, 유럽 혈통을 가진 사람들이 아프리카 혈통을 가진 사람들보다 더 많은 특권을 누리곤 한다. 우리는 이것을 가부장제적인 정치와 식민주의 역사의 유산으로 보고 있다. 어떤 경우든 1장에서 다룬 것처럼, 해결책은 사회적 정의를 위해 일하는 것이다. 과학은 어느 정도 무관해야 한다.

하지만 우리가 살펴봤듯이, 반론도 존재한다. 사회적 불평등은 아직 발견되지 않고 있을 뿐인 근원적인 자연의 불평등성에 뿌리를 두고 있기 때문에, 불평등은 부당한 것이 아니라는 주장이다. 이런 목적으로 과학을 동원하는 것이 우리가 "과학적 인종주의"라는 용어를 쓸 때 의미하는 것이다. 그리고 과학적 인종주의는 인간 생물학에 대한 무지의 확산에 힘을 받는다. 의도적으로 무지함을 영속시키는 행위를 연구하는 역사학자들은 자신들의 분야를 "비교무지학"agnotology이라고 부른다.(Proctor and Schiebinger, 2008) 가상의 자연적 능력 차이가 사회 불평등의 뿌리라는 위선에 매우 적절하게 적용될 수 있다는 말이다. 게다가 평등이 정치적 상태인데 비해, 차이는 양적인 유전적 상태이며, 우리는 모두 다르다. 이 두 가지 상태는 서로 분리돼 있다. 사람들은 유전자형에 상관없이 동등한 권리를 부여받아야 한다.

정치적으로 가장 유혹적이면서, 부적절한 과학적 요소는 유전설 hereditarianism이다. 이는 타고나고 물려받은 특성이 개인 삶의 중요한 측면을 결정한다는 생각이다. 2장에서 본 것처럼, 따로 길러진 일란성 쌍둥이들이 같은 이름을 가진 여성과 결혼하고, 키우는 개 이름도 같고, 긴장하면 같은 표정으로 씰룩이는 등 놀랄 정도의 유사점을 가지는 것이 유전자의 지배를 확실히 증명한다는 식의 사고다. 최소한, 아주 잘 속는 사람에게는 그렇게 보일 수도 있다. 지능과 성격의 차이에는 대부분 유전적 근원이 있다는 (사이비) 지식은 대개 지적인 특성과 성격 특성의 결과인 사회적 불평등이 거의 유전적이라는 것을 암시한다. 따라서 사회적 평등은 결코 이루어질 수 없다. 보이지 않는 장애물이 있어서 지적으로 더 좋아지기 힘들기 때문이다. 그래서 일을 해서 앞으로 나아가는 것은 가치가 없으며, 정부는 그들의 관심사를 다른 곳으로 돌려야 한다. 유전설은 『종형 곡선』을 비판적으로 읽은 독자들에게 익숙할 사회진화론의 역겨운 최신판이며, 과학자들—이 경우엔 심리학자—이 적극적으로 참여해 사람들이 흔히 하는 생각과 과학적 지식을 헷갈리기를 바라고 있다.

그리고 실제로, 서로 다른 사람들은 모두 서로 다른 특성을 가지고 있다는 생각을 정당화하고 널리 퍼뜨리려는 목적을 가진 정치적 자선단체들이 있다. 1장에서, 우리는 심리학자 존 필립 러슈턴의 연구에 주목했다. 인간생물학, 진화, 지능에 관한 그의 생각은 단순히 인종주의적이 아니라 멍청할 정도로 인종주의적이어서 아시아인들은 법을 잘 지키고, 매우 이지적이며, 성적 욕구는 별로 없고, 신체적으로는 뇌가 크고 성기는 작아서 아프리카인의 그것과는 자연히 반대를 이룬다고 말할 정도였다. 하지만 아직도 문제가 안 된다는 듯이 아무렇지도 않게 그의 연구를 인용하는 심리학자들이 있다. 과학적 인종주의는 지적으로 부패하고 있다.

저명한 생물학자 재러드 다이아몬드$^{Jared\ Diamond}$는 그의 베스트셀러 『총, 균, 쇠』$^{Germs,\ Guns,\ and\ Steel\,(1997)}$에서 가상의 인종주의자 대화 상대에게, 뉴기니 부족민들은 정신 능력에 작용하는 자연선택의 효과 때문에 실제로는 유럽인들보다 타고난 지능이 더 좋을 수도 있다고 말함으로써 형세를 역전시키려는 시도를 했다. 다이아몬드는 정치적 올바름에서 비롯된 "흔히 하는 인종주의적 추정은 완전히 바뀌어야 한다"는 주장을 했다. 그러나 해결책은 그 추정을 **흔하지 않은** 인종주의적 추정으로 바꾸는 것이 아니라, 인종주의적 해결 방법은 아예 없다는 것으로 문장 전체를 바꾸는 것이다. 서로 다른 집단의 사람들은 모두 서로 다른 선천적인 지적 능력을 가지고 있어서, 무작위로 한 집단에서 선택된 사람은 다른 집단에서 무작위로 선택된 사람보다 타고난 정신 능력이 더 강할 가능성이 높다는 주장은 인종주의적인 주장이다. 어떤 인구 집단을 사다리 위에 놓아도 마찬가지다.

현재 우리는 인간이 진화로 인해 상당한 유연성과 적응 능력을 가진 뇌를 얻게 됐다고 이해하고 있다. 그 과정에서 진화는 뇌를 지닌 사람이 다양한 방법으로, 다양한 장소에서 소통하고, 사람들을 사귀고, 잘 살 수 있도록 만들었다. 지능이라는 것은 모호한 개념에 불과하다. 그리고 지능을 뒷받침하는 그 어떤 유전자 변이도, 의미 있는 집단 간 비교를 가능하게 할 만큼 충분히 정확한 방법으로 특정될 수는 없다. 물론 모든 사람이 다 같다고 말하는 것은 아니다. 모든 인구 집단이 그렇다는 뜻도 아니다. 어떤 유전자 변이도 사람 종의 일반적인 범위(서번트나 뇌 손상 환자 제외) 안에 존재하며, 생명의 다양한 조건들에 의해 아주 쉽게 압도당한다는 것을 말하려 한 것이다. 현대 사회에서는 이런 삶의 사회적·역사적 차이점들이 적절하게 평형 조정되어야 할 필요가 있다. 가상의 대립형질 또는 지적 능력을 늘리기 위한 선택에 따라 만들어진 가상의 사회제도에 관한 그 어떤 이야기도 거짓이며, 이것들은 우리 시대에 분명히 존재하는 사회적 불평등을 해결하지 못하도록 관심을 다른 곳으로 돌리게 하는 장치다.

과학계에서 가장 좌절감을 주는 제안은, 그들이 발견하기를 원하는 인종주의적 지식은 어떤 형태로든 위험하고 남용될 가능성이 있다는 두려움을 겸허하게 인정하라는 것이다. 하지만 여기에는 인간의 상태에 대한 과학적 지식이 추상적이고 가치중립적이기 때문에 좋게 쓰일 수도 있고, 남용될 수도 있다는 가정이 존재한다. 분리가 환상에 불과한 기본적인 이유는 인종주의적 추정이 인간의 변이에 대한 지식 생산에 영향을 미치기 때문이다. 과학의 역사는 이 점을 분명하게 보여준다. 1920년대와 1930년대의 우생학 운동은 과학적인 사고가 부패해 일어난 것이 아니었다. 과학자들 스스로 미국유전학회 등의 학술 포럼에서 일관되게 요구해왔던 방법을 그대로 실행했을 뿐이었다. 과학자들이 나중에 마음을 바꿨지만 과학의 질이 바뀌지는 않았다.

비슷하게, 『미국형질인류학저널』은 1918년 창간돼 인간 다양성에 관해서 최고의 권위를 인정받고 있다. 하지만 초창기 몇 십 년 동안은 비유럽인의 머리가 유럽인의 머리보다 떨어진다는 식의 내용을 담은 논문을 많이 출판했다. 이 분야는 진화했다. 우리는 이제 당시의 연구를 쓰레기로 여긴다. 당시의 과학자들은 백인 우월주의 지식을 바탕으로 프로젝트를 조직하고 데이터를 수집하고 결과를 해석했다. 과학에서는, 기대하고 있는 것을 찾기가 언제나 쉽다는 진부한 얘기가 있다.

지식을 남용할 수도 있다는 두려움은 이제 없다. 지적으로 변질된 정보를 수집하고 확산시키는 일은 남아 있다. 그게 과학적 인종주의의 유산이다.

인종주의적 지식을 만들어내는 것은 마법을 행하는 것과 같다.(Fields and Fields, 2012). 둘 다 실제로 있고, 분명하고 논리적이며, 끊임없이 만들어지고 있다. 하지만 자연스러운 일은 전혀 아니다. 특정한 시대와 공간에서 동의된 일들이다. 그들의 활동에 대한 그 시대와 공간의 활동과 반응은 생계를 유지하게 하거나, 삶을 망치거나 끝내게 할 정도로 현실적이었지만, 현대라는 시대를 합리적으로 꼼꼼하게 뜯어보게 할 만큼 현실적이지는 않았다.

무엇보다 중요한 것은, 사회적 불평등의 원인은 인종이 아니라 인간의 경제적 실천에서 찾아야 한다는 사실이다. 해결 방안도 마찬가지다. 실제로, 한 유명한 과학 저널리스트가 최근 자신의 베스트셀러에서 유태인들은 자본주의와 그 비슷한 것들에 끌리는 유전자를 가졌다는, 낯익은 유전주의적 발언을 했을 때 거의 150명의 인구유전학자들이 인간유전학에 대한 그의 주장을 거부한다는 편지를 「뉴욕타임스」에 보냈다.(Coop et al., 2014) 그게 진보다.

요약하자면, 인간 집단은 서로 다르다. 하지만 인종 이론이 예측하는 방식으로는 아니다. 과학이 인간 다양성에 대한 보통 사람들의 지식을 받아들여 학자의 전문 지식을 대체하는 데 사용할 때, 과학은 인종주의적이 된다. 인간의 변이를 연구하는 것은 사람들을 서로 다르게 만드는 자연적 패턴을 연구하는 것이다. 반면, 인종을 연구하는 것은 인간 집단을 분류하고 계층화하는 이유, 방법, 그리고 그 결과를 연구하는 것이다. 인종은 차이를 발견하는 것이 아니다. 차이를 부여하는 것이다. 인종은 강력하고 실제로 존재한다. 그렇지만 경험적·생물학적으로 거짓이다. 이것은 인간의 변이에 대한 과학적 연구를 폄하하기 위한 것이 아니다. 오히려 그것은 가치 있는 일이다. 그러나 그 가치는 인간의 기원에 대한 과학적 연구를 창조론으로부터 보호하고자 하는 만큼, 인종주의로부터 이 연구를 보호하는 데 있다.

| 감사의 글 |

내가 이 책을 쓰기 시작한 것은 미국 노터데임대학교 고등연구소에서 템플턴 선임연구원 자격으로 '유인원이었던 인간의 이야기' 프로젝트를 진행하고 있던 때였다. 이 프로젝트는 훌륭한 결실을 맺었고, 그 결과는 책으로도 출간되었다.(캘리포니아대학교출판부, 2015) 격려와 지원을 해준 존템플턴재단과 노터데임대학교 고등연구소에 깊은 감사의 마음을 전한다.

나의 독창적인 생각을 명확하게 하기까지 다양한 생각을 공유해준 친구와 동료들의 의견은 내게 큰 도움이 됐다. 트로이 더스터, 제이 코프먼, 조너선 칸, 도로시 로버츠, 듀애너 풀와일리, 킴 톨베어, 앨런 굿맨, 데버라 볼닉, 수전 레버비, 에벌린 애먼즈, 조지프 그레브스, 리처드 쿠퍼, 앤 파우스토스털링, 필라 오소리오, 런디 브라운, 테런스 킬 등이 그들이다.

이 책의 원고를 읽고 통찰력 있는 조언을 아끼지 않은 조너선 칸과 줄리아 페더, 그리고 오래전부터 지혜를 일깨워주고 있는 캐런 스트라이어에게 감사의 마음을 전한다.

| 참고문헌 |

Abu El-Haj, N.(2012) *The Genealogical Science: The Search for Jewish Origins and the Politics of Epistemology*. Chicago: University of Chicago Press.

Ackermann, R. R., Mackay, A., and Arnold, M. L.(2016) The hybrid origin of "modern" humans. *Evolutionary Biology*, 43: 1 – 11.

Anonymous[Chambers, R.](1844) *Vestiges of the Natural History of Creation*. London: John Churchill.

Barash, D. P.(1995) Book review: Race, Evolution, and Behavior. *Animal Behaviour*, 49: 1131 – 1133.

Bashford, A. and Levine, P., eds.(2010) *The Oxford Handbook of the History of Eugenics*. New York: Oxford University Press.

Baur, E., Fischer, E., and Lenz, F.(1921) *Grundriss der menschlichen rblichkeitslehre und Rassenhygiene*. Munich: J. F. Lehmanns.

Boyd, W. C.(1963) Genetics and the human race. *Science*, 140: 1057 – 1065.

Cabana, G. S. and Clark, J. J., eds.(2011) *Rethinking Anthropological Perspectives on Migration*. Gainesville: University of Florida Press.

Cartmill, M.(1998) The status of the race concept in physical anthropology. *American Anthropologist*, 100: 651 – 660.

Chase, A.(1977) *The Legacy of Malthus: The Social Costs of the New Scientific Racism*. Urbana: University of Illinois Press.

Comfort, N.(2012) *The Science of Human Perfection: How Genes Became the Heart of American Medicine*. New Haven: Yale University Press.

Coon, C. S.(1939) *The Races of Europe*. New York: Macmillan.

Coop, G. et al.(2014) Letters: "A Troublesome Inheritance." *New York Times Sunday Book Review*, August 8.

David, R. J. and Collins, J. W., Jr.(1997) Differing birth weights among infants of US-born blacks, African-born blacks, and US-born whites. *New England Journal of Medicine*, 337: 1209 – 1214.

Diamond, J. M.(1997) *Guns, Germs, and Steel: The Fates of Human Societies*. New York: W. W. Norton.

Dobzhansky, T. (1962) Genetics and equality. *Science*, 137: 112 – 115.

Duster, T. (1990) *Backdoor to Eugenics*. New York: Routledge.

Enard, W. and Pääbo, S. (2004) Comparative primate genomics. *Annual Review of Genomics and Human Genetics*, 5: 351 – 378.

Evans, P., Gilbert, S., Mekel-Bobrov, N., Vallender, E., Anderson, J., Vaez-Azizi, L., Tishkoff, S., Hudson, R., and Lahn, B. (2005) Micro-cephalin, a gene regulating brain size, continues to evolve adaptively in humans. *Science*, 309: 1717 – 1720.

Fabian, A. (2010) *The Skull Collectors: Race, Science, and America's Unburied Dead*. Chicago: University of Chicago Press.

Fields, B. and Fields, K. (2012) *Racecraft: The Soul of Inequality in American Life*. New York: Verso.

Fish, J., ed. (2001) *Race and Intelligence: Separating Science from Myth*. Mahwah: Lawrence Erlbaum.

Graeber, D. (2011) *Debt: The First 5,000 Years*. New York: Melville House.

Grant, M. (1916) *The Passing of the Great Race*. New York: Scribner's.

Graves, J. (2004) *The Race Myth: Why We Pretend Race Exists in America*. New York: Dutton.

Haeckel, E. (1868/1892) *The History of Creation*, trans. R. Lankester, 4th edn. London: Kegan Paul, Trench, Trübner and Co.

Handley, L. J. L., Manica, A., Goudet, J., and Balloux, F. (2007) Going the distance: human population genetics in a clinal world. *Trends in Genetics*, 23: 432 – 439.

Hauskeller, C., Sturdy, S., and Tutton, R. (2013) Genetics and the sociology of identity. *Sociology*, 47: 875 – 886.

Herrnstein, R. and Murray, C. (1994) *The Bell Curve*. New York: Free Press.

Holden, C. (1980) Identical twins reared apart. *Science*, 207: 1323 – 1328.

Holden, C. (1987) The genetics of personality. *Science*, 237: 598 – 601.

Holden, C. (2009) Behavioral geneticist celebrates twins, scorns PC science. *Science*, 325: 27.

Hooton, E. A. (1946) *Up from the Ape*, 2nd ed. New York: Macmillan.

Hrdlička, A. (1908) Physical anthropology and its aims. *Science*, 28: 41 – 42.

Hrdlička, A. (1930) Human races. In *Human Biology and Racial Welfare*, ed. E. W. Cowdry. New York: Paul B. Hoeber.

Hunt-Grubbe, C. (2007) The elementary DNA of Dr. Watson. *The Sunday Times* (London), October 14.

Huxley, T. H. (1865[1901]) Emancipation – black and white. In *Man's Place in Nature, and Other Anthropological Essays*. New York: Macmillan.

Jacob, F. (1977) Evolution and tinkering. *Science*, 196: 1161 – 1166.

Jaroff, L. (1989) The gene hunt. *Time Magazine*, March 20.

Jobling, M. A. (2012) The impact of recent events on human genetic diversity. *Philosophical Transactions of the Royal Society*, Series B 367: 793 – 799.

Johnston, F. E. (1966) The population approach to human variation. *Annals of the New York Academy of Sciences*, 134: 507 – 515.

Kahn, J. (2012) *Race in a Bottle: The Story of BiDil and Racialized Medicine in a Post-Genomic Age*. New York: Columbia University Press.

Kaufman, J. and Hall, S. (2003) The slavery hypertension hypothesis: dissemination and appeal of a modern race theory. *Epidemiology and Society*, 14: 111 – 126.

Keevak, M. (2011) *Becoming Yellow: A Short History of Racial Thinking*. Princeton: Princeton University Press.

Kevles, D. J. (1985) *In the Name of Eugenics*. Berkeley: University of California Press.

Kirksey, E. (2015) Species: A praxigraphic study. *Journal of the Royal Anthropological Institute*, 21: 758 – 780.

Krieger, N. (2005) Embodiment: a conceptual glossary for epidemiology. *Journal of Epidemiology and Community Health*, 59: 350 – 355.

Lahn, B. T. and Ebenstein, L. (2009) Let's celebrate human genetic diversity. *Nature*, 461: 726 – 728.

Lancaster, R. N. (2003) *The Trouble with Nature: Sex in Science and Popular Culture*. Berkeley: University of California Press.

Kühl, S. (1994) *The Nazi Connection*. New York: Oxford University Press.

Landau, M. (1991) *Narratives of Human Evolution*. New Haven: Yale University Press.

Lee, S., Bolnick, D., Duster, T., Ossorio, P., and TallBear, K. (2009) The illusive gold standard in genetic ancestry testing. *Science*, 325: 38.

Lévi-Strauss, C. (1962) *The Savage Mind*. Chicago: University of Chicago Press.

Lewontin, R. C. (1972) The apportionment of human diversity. *Evolutionary Biology*, 6: 381 – 398.

Livingstone, D. (2008) *Adam's Ancestors: Race, Religion, and the Politics of Human Origins*. Baltimore: Johns Hopkins University Press.

Manias, C. (2009) The race prussienne controversy: scientific international-ism and the nation. *Isis*, 100: 733 – 757.

Marks, J. (2009) *Why I Am Not a Scientist: Anthropology and Modern Knowledge*. Berkeley: University of California Press.

Marshall, E. (1998) The power of the front page of the New York Times. *Science*, 280: 996 – 997.

Mazumdar, P. (1992) *Eugenics, Human Genetics and Human Failings: The Eugenics Society, Its Sources and Its Critics in Britain*. New York: Routledge.

McAnany, P. A. and Yoffee, N., eds. (2009) *Questioning Collapse: Human Resilience, Ecological Vulnerability, and the Aftermath of Empire*. New York: Cambridge University Press.

Mekel-Bobrov, N., Gilbert, S., Evans, P., Vallender, E., Anderson, J., Hudson, R., Tishkoff, S., and Lahn, B. (2005) Ongoing adaptive evolution of ASPM, a brain size determinant in Homo sapiens. *Science*, 309: 1720 – 1722.

Nash, C. (2008) *Of Irish Descent: Origin Stories, Genealogy, and the Politics of Belonging*. Syracuse: Syracuse University Press.

Nelson, A. (2016) *The Social Life of DNA*. Boston: Beacon Press.

Pearson, K. (1892) *The Grammar of Science*. London: Adam and Charles Black.

Pollock, A. (2012) *Medicating Race: Heart Disease and Durable Preoccupa-tions with Difference*. Durham: Duke University Press.

Peregrine, P., Ember, C., and Ember, M. (2003) Cross-cultural evaluation of predicted associations between race and behavior. *Evolution and Human Behavior*, 24: 357 – 364.

Proctor, R. and Schiebinger, L. L., eds. (2008) *Agnotology: The Making and Unmaking of Ignorance*. Stanford: Stanford University Press.

Rapp, R., Heath, D., and Taussig, K. (2001) Genealogical disease: where hereditary abnormality, biomedical explanation, and family responsibility meet. In *Relative Values: Reconfiguring Kinship Studies*, ed. S. Franklin and S. McKinnon. Durham: Duke University Press.

Reardon, J. (2004) *Race to the Finish: Identity and Governance in an Age of Genomics*. Princeton: Princeton University Press.

Regalado, A. (2006) Scientist's study of brain genes sparks a backlash. *Wall Street Journal*, June 16: A12.

Richardson, S. S. (2011) Race and IQ in the postgenomic age: The microcephaly case. *BioSocieties*, 6: 420 – 446.

Ripley, W. Z. (1899) *The Races of Europe*. New York: D. Appleton.

Rohde, D. L. T., Olson, S., and Chang, J. T. (2004) Modelling the recent common ancestry of all living humans. *Nature*, 431: 562 – 566.

Segal, N. L. (2012) *Born Together–Reared Apart: The Landmark Minnesota Twin Study*. Cambridge: Harvard University Press.

Seligman, C. (1930) *Races of Africa*. New York: Henry Holt.

Sergi, G. (1893) My new principles of the classification of the human race. *Science*, 22: 290.

Simpson, G. G. (1945) The principles of classification and a classification of mammals. *Bulletin of the American Museum of Natural History*, 85: 1 – 349.

Sinnott, E. W. and Dunn, L. C. (1925) *Principles of Genetics*. New York: McGraw-Hill.

Sollas, W. J. (1911) *Ancient Hunters: And Their Modern Representatives*. London: Macmillan.

Spiro, J. (2009) *Defending the Master Race: Conservation, Eugenics, and the Legacy of Madison Grant*. Burlington: University Press of Vermont.

Sussman, R. W. (2014) *The Myth of Race: The Troubling Persistence of an Unscientific Idea*. Cambridge: Harvard University Press.

TallBear, K. (2013) *Native American DNA: Tribal Belonging and the False Promise of Genetic Science*. St. Paul: University of Minnesota Press.

124

Tattersall, I. and DeSalle, R. (2011) *Race? Debunking a Scientific Myth*. College Station: Texas A&M University Press.

Teslow, T. (2014) *Constructing Race: The Science of Bodies and Cultures in American Anthropology*. Cambridge: Cambridge University Press.

Thieme, F. P. (1952) The population as a unit of study. *American Anthro-pologist*, 54: 504 – 509.

Thomas, M. G. (2013) To claim someone has "Viking ancestors" is no better than astrology. *Guardian*, February 25.

Tucker, W. H. (2002) *The Funding of Scientific Racism: Wickliffe Draper and the Pioneer Fund*. Urbana: University of Illinois Press.

Tutton, R., Smart, A., Ashcroft, R., Martin, P., and Ellison, G. T. (2010) From self-identity to genotype: the past, present, and future of ethnic categories in postgenomic science. In *What's the Use of Race*, ed. I. Whitmarsh and D. S. Jones. Cambridge: MIT Press.

Tylor, E. B. (1871) *Primitive Culture*. London: John Murray.

Wade, N. (2014) *A Troublesome Inheritance*. New York: Penguin.

Wade, P. (2002) *Race, Nature and Culture: An Anthropological Perspective*. London: Pluto Press.

Wade, P. (2004) Human nature and race. *Anthropological Theory*, 4: 157 – 172.

Wailoo, K. and Pemberton, S. (2006) *The Troubled Dream of Genetic Medicine: Ethnicity and Innovation in Tay-Sachs, Cystic Fibrosis, and Sickle Cell Disease*. Baltimore: Johns Hopkins University Press.

Washington, H. A. (2006) *Medical Apartheid: The Dark History of Medical Experimentation on Black Americans from Colonial Times to the Present*. New York: Doubleday Books.

Weiner, J. S. (1957) Physical anthropology – an appraisal. *American Scientist*, 45: 75 – 79.

Wilson, E. O. (1994) *Naturalist*. New York: Island Press.

Wolf, E. (1982) *Europe and the People Without History*. Berkeley: University of California Press.

Woods, F. A. (1918) Review of *The Passing of the Great Race*, 2nd edn. *Science*, 48: 419 – 420.

Wright, L. (1997) *Twins: And What They Tell Us About Who We Are*. New York: Wiley.

Young, M. (1928) The problem of the racial significance of the blood groups. *Man*, 28: 153 – 159, 171 – 176.

Yudell, M. (2014) *Race Unmasked: Biology and Race in the 20th Century*. New York: Columbia University Press.

Zimmerman, A. (1999) Anti-Semitism as skill: Rudolf Virchow's Schuls-tatistik and the racial composition of Germany. *Central European History*, 32: 409 – 429.